JN070898

1節 数列とその和

1 数列

本編 p.004

A

1 (1) 初項は $\boldsymbol{-5}$

各項の値は3ずつ大きくなっているから

第5項は $\boldsymbol{7}$

(2) 初項は $\boldsymbol{8}$

各項の値は $\frac{1}{2}$ 倍ずつになっているから

第5項は $\boldsymbol{\frac{1}{2}}$

2 (1) 各項の値は -2 倍ずつになっているから

□にあてはまる数は $\boldsymbol{-4}$

(2) $\frac{1}{6}$, $\frac{2}{6}$, $\frac{3}{6}$, □, $\frac{5}{6}$, $\frac{6}{6}$, …… ← 分母が6の約数であることに注目し，分母を6に揃える。

と考えられ，各項の値は $\frac{1}{6}$ ずつ大きくなっているから

□にあてはまる数は

$\frac{4}{6}=\boldsymbol{\frac{2}{3}}$

3 (1) $\boldsymbol{a_1}=9-4\cdot1=\boldsymbol{5}$

$\boldsymbol{a_2}=9-4\cdot2=\boldsymbol{1}$

$\boldsymbol{a_3}=9-4\cdot3=\boldsymbol{-3}$

$\boldsymbol{a_4}=9-4\cdot4=\boldsymbol{-7}$

$\boldsymbol{a_5}=9-4\cdot5=\boldsymbol{-11}$

(2) $\boldsymbol{a_1}=1^2-1=\boldsymbol{0}$

$\boldsymbol{a_2}=2^2-1=\boldsymbol{3}$

$\boldsymbol{a_3}=3^2-1=\boldsymbol{8}$

$\boldsymbol{a_4}=4^2-1=\boldsymbol{15}$

$\boldsymbol{a_5}=5^2-1=\boldsymbol{24}$

(3) $\boldsymbol{a_1}=\frac{1}{1\cdot(1+1)}=\boldsymbol{\frac{1}{2}}$

$\boldsymbol{a_2}=\frac{1}{2\cdot(2+1)}=\boldsymbol{\frac{1}{6}}$

$\boldsymbol{a_3}=\frac{1}{3\cdot(3+1)}=\boldsymbol{\frac{1}{12}}$

$\boldsymbol{a_4}=\frac{1}{4\cdot(4+1)}=\boldsymbol{\frac{1}{20}}$

$\boldsymbol{a_5}=\frac{1}{5\cdot(5+1)}=\boldsymbol{\frac{1}{30}}$

4 与えられた数列を $\{a_n\}$ とする。

(1) $a_1=3\cdot1$, $a_2=3\cdot2$, $a_3=3\cdot3$,

$a_4=3\cdot4$, $a_5=3\cdot5$

であるから，一般項は $\boldsymbol{a_n=3n}$

(2) $a_1=\frac{1}{1+1}$, $a_2=\frac{2}{2+1}$, $a_3=\frac{3}{3+1}$,

$a_4=\frac{4}{4+1}$, $a_5=\frac{5}{5+1}$

であるから，一般項は $\boldsymbol{a_n=\frac{n}{n+1}}$

B

5 (1) $a_1=(-1)^{1+1}$, $a_2=(-1)^{2+1}$, $a_3=(-1)^{3+1}$,

$a_4=(-1)^{4+1}$, $a_5=(-1)^{5+1}$

であるから，この数列の第 k 項は

$\boldsymbol{a_k=(-1)^{k+1}}$ ← $a_k=(-1)^{k-1}$ や $a_k=-(-1)^k$ でもよい。

(2) $a_1=\{20-(1-1)\}\cdot1$, ← $20=20-0$

$a_2=\{20-(2-1)\}\cdot2$, ← $19=20-1$

$a_3=\{20-(3-1)\}\cdot3$, ← $18=20-2$

……

$a_{19}=\{20-(19-1)\}\cdot19$, ← $2=20-18$

$a_{20}=\{20-(20-1)\}\cdot20$ ← $1=20-19$

であるから，この数列の第 k 項は

$\boldsymbol{a_k}=\{20-(k-1)\}\cdot k=\boldsymbol{(21-k)\cdot k}$

2 等差数列

本編 p.005～006

A

6 (1) 公差は3

□にあてはまる数は順に **8, 14**

(2) 公差は **−3** ←2 の 3 項先が −7

□にあてはまる数は順に **5, −1, −4**

7 (1) $\boldsymbol{a_n}=4+(n-1)\cdot 5$

$=\boldsymbol{5n-1}$

$\boldsymbol{a_{20}}=5\cdot 20-1=\boldsymbol{99}$ ← $n=20$ を代入

(2) $\boldsymbol{a_n}=-3+(n-1)\cdot(-2)$

$=\boldsymbol{-2n-1}$

$\boldsymbol{a_{20}}=-2\cdot 20-1=\boldsymbol{-41}$

(3) 初項 −10, 公差 6 より

$\boldsymbol{a_n}=-10+(n-1)\cdot 6=\boldsymbol{6n-16}$

$\boldsymbol{a_{20}}=6\cdot 20-16=\boldsymbol{104}$

(4) 初項 $\frac{11}{2}$, 公差 $4-\frac{11}{2}=-\frac{3}{2}$ より

$\boldsymbol{a_n}=\frac{11}{2}+(n-1)\cdot\left(-\frac{3}{2}\right)=\boldsymbol{-\frac{3}{2}n+7}$

$\boldsymbol{a_{20}}=-\frac{3}{2}\cdot 20+7=\boldsymbol{-23}$

8 (1) 公差を d とすると

$a_4=8+(4-1)d=-7$

これから　$d=-5$

よって　$\boldsymbol{a_n}=8+(n-1)\cdot(-5)=\boldsymbol{-5n+13}$

(2) 初項を a とすると

$a_{10}=a+(10-1)\cdot 3=23$

これから　$a=-4$

よって　$\boldsymbol{a_n}=-4+(n-1)\cdot 3=\boldsymbol{3n-7}$

9 (1) $\boldsymbol{a_n}=-56+(n-1)\cdot 4=\boldsymbol{4n-60}$

(2) $4n-60=32$ を解くと　$n=23$

よって, 32 は**第 23 項**

(3) $a_n>0$ より　$4n-60>0$

これを解いて　$n>15$ ← $a_{15}=0$ であり, 第 15 項は正の値ではない。

これを満たす最小の自然数は

$n=16$ であるから,

第 16 項から正の値になる。

10 求める数列の初項を a, 公差を d とする。

(1) $a_3=9$　であるから　$a+2d=9$

$a_7=37$　であるから　$a+6d=37$

これを解いて　　差をとると　$4d=28$

$a=-5$, $d=7$

よって, 初項は **−5**, 公差は **7**

また, 一般項は

$\boldsymbol{a_n}=-5+(n-1)\cdot 7=\boldsymbol{7n-12}$

(2) $a_2=1$　であるから　$a+d=1$

$a_8=-23$　であるから　$a+7d=-23$

これを解いて　　差をとると　$6d=-24$

$a=5$, $d=-4$

よって, 初項は **5**, 公差は **−4**

また, 一般項は

$\boldsymbol{a_n}=5+(n-1)\cdot(-4)=\boldsymbol{-4n+9}$

11 (1) $a_n=4n+1$ の数列 $\{a_n\}$ について

$a_{n+1}=4(n+1)+1=4n+5$

であるから, 2 項間の差をとると

$a_{n+1}-a_n=(4n+5)-(4n+1)$

$=4$ (一定)

よって, 数列 $\{a_n\}$ は等差数列である。

また, 初項は　$a_1=4\cdot 1+1=\boldsymbol{5}$

公差は　**4**

(2) $a_n=5-3n$ の数列 $\{a_n\}$ について

$a_{n+1}=5-3(n+1)=2-3n$

であるから, 2 項間の差をとると

$a_{n+1}-a_n=(2-3n)-(5-3n)$

$=-3$ (一定)

よって, 数列 $\{a_n\}$ は等差数列である。

また, 初項は　$a_1=5-3\cdot 1=\boldsymbol{2}$

公差は　**−3**

12 (1) -3, x, 15 がこの順で等差数列であるとき

$2x=-3+15$ より　$\boldsymbol{x=6}$

a, b, c がこの順で等差数列 $\Longleftrightarrow$ $2b=a+c$

(別解) 公差が一定であるから

$x-(-3)=15-x$

これを解いて　$\boldsymbol{x=6}$

(2) $x+2$, 7, x^2 がこの順で等差数列であるとき

$2\cdot 7=(x+2)+x^2$

整理して　$x^2+x-12=0$

$(x+4)(x-3)=0$

よって　$\boldsymbol{x=-4,\ 3}$ ←

$x=-4$ のとき　-2, 7, 16（公差 9）
$x=3$ のとき　5, 7, 9（公差 2）

B

13 公差を d とおくと，初項が 13，第 6 項が -22 であることから

13, □, □, □, □, -22（初項から $+d$ を 5 回で第 6 項）

$13+5d=-22$

これから　$d=-7$

よって，求める 4 つの数は順に

6，−1，−8，−15

14 (1) この数列の初項を a，公差を d とすると

$a_{12}=26$　であるから　$a+11d=26$

$a_{35}=118$　であるから　$a+34d=118$

これを解いて　$a=-18$, $d=4$

よって，初項は **−18**，公差は **4**

また，一般項は

$\boldsymbol{a_n}=-18+(n-1)\cdot 4=\boldsymbol{4n-22}$

(2) $4n-22=186$ を解くと　$n=52$

よって，186 は**第 52 項**

(3) $a_n>500$ より ← 500 を「超える」ので等号はつけない。

$4n-22>500$

これを解いて　$n>\dfrac{522}{4}=130.5$

これを満たす最小の自然数は

$n=131$ であるから，

初めて 500 を超えるのは**第 131 項**

C

15 (1) 求める 3 つの数を a, b, c とし，この順に等差数列であるとすると，条件から

$2b=a+c$　……①

$a+b+c=3$　……②

$abc=-8$　……③

①，②より　$3b=3$

よって　$b=1$

これを①，③に代入すると

$a+c=2$, $ac=-8$

これより，2 つの数 a, c は 2 次方程式

$t^2-2t-8=0$

の解である。

これを解くと，$(t+2)(t-4)=0$ より

$t=-2,\ 4$

ゆえに　$a=-2$, $c=4$ または $a=4$, $c=-2$

したがって，求める 3 つの数は　**−2，1，4**

⇦ a, b, c がこの順で等差数列 $\Leftrightarrow$ $2b=a+c$

⇦（数学Ⅱ）2 つの数 α, β を解とする 2 次方程式の 1 つは $t^2-(\alpha+\beta)t+\alpha\beta=0$

⇦ $c=2-a$ を $ac=-8$ に代入してもよい。

⇦等差数列は -2, 1, 4 または 4, 1, -2

(別解)

求める 3 つの数を $a-d$, a, $a+d$ とおくと，条件から

$(a-d)+a+(a+d)=3$ ……①

$(a-d)\cdot a\cdot(a+d)=-8$ ……②

①より　$3a=3$

よって　$a=1$

これを②に代入して　$(1-d)\cdot1\cdot(1+d)=-8$

これを解くと，$1^2-d^2=-8$ より　$d^2=9$

すなわち　$d=\pm3$

ゆえに，求める 3 つの数は　**−2，1，4**

⇦公差を d，中央の数を a とおく。

⇦等差数列は
$d=-3$　のとき　4，1，−2
$d=3$　のとき　−2，1，4

(2)　求める 3 つの数を a，b，c とし，この順に等差数列であるとすると，条件から

$2b=a+c$ ……①

$a+b+c=6$ ……②

$a^2+b^2+c^2=110$ ……③

①，②より　$3b=6$

よって　$b=2$

これを②，③に代入して整理すると

$a+c=4$，$a^2+c^2=106$

$(a+c)^2=4$ より　$a^2+c^2+2ac=16$

$106+2ac=16$

すなわち　$ac=-45$

以上から，2 つの数 a，c を解とする 2 次方程式は

$t^2-4t-45=0$

これを解くと，$(t+5)(t-9)=0$ より

$t=-5$，9

ゆえに　$a=-5$，$c=9$ または $a=9$，$c=-5$

したがって，求める 3 つの数は　**−5，2，9**

⇦ a，b，c がこの順で等差数列 ⇔ $2b=a+c$

⇦ $c=4-a$ を $a^2+c^2=106$ に代入して
$a^2+(4-a)^2=106$
$2a^2-8a-90=0$
$a^2-4a-45=0$
$(a-9)(a+5)=0$
としてもよい。

⇦等差数列は −5，2，9 または　9，2，−5

(別解)

求める 3 つの数を $a-d$，a，$a+d$ とおくと，条件から

$(a-d)+a+(a+d)=6$ ……①

$(a-d)^2+a^2+(a+d)^2=110$ ……②

①より　$3a=6$

よって　$a=2$

これを②に代入して　$(2-d)^2+2^2+(2+d)^2=110$

これを解くと，$12+2d^2=110$ より　$d^2=49$

すなわち　$d=\pm7$

ゆえに，求める 3 つの数は　**−5，2，9**

⇦公差を d，中央の数を a とおく。

⇦等差数列は
$d=-7$　のとき　9，2，−5
$d=7$　のとき　−5，2，9

3 等差数列の和

本編 p.007〜008

A

16 (1) 初項 2，末項 18，項数 25 の等差数列の和 S_{25} は

$S_n=\frac{1}{2}n(a+l)$

$$S_{25}=\frac{1}{2}\cdot25\cdot(2+18)=\mathbf{250}$$

(2) 初項 10，公差 -3，項数 18 の等差数列の和 S_{18} は

$S_n=\frac{1}{2}n\{2a+(n-1)d\}$

$$S_{18}=\frac{1}{2}\cdot18\cdot\{2\cdot10+(18-1)\cdot(-3)\}$$

$$=\mathbf{-279}$$

17 求める等差数列の和を S_n とする。

(1) $\boldsymbol{S_n}=\frac{1}{2}n\{2\cdot4+(n-1)\cdot3\}=\boldsymbol{\frac{1}{2}n(3n+5)}$

$S_n=\frac{1}{2}n\{2a+(n-1)d\}$

(2) $\boldsymbol{S_n}=\frac{1}{2}n\{2\cdot13+(n-1)\cdot(-2)\}$

$=\frac{1}{2}n(-2n+28)$

$=\boldsymbol{-n(n-14)}$

(3) $\boldsymbol{S_n}=\frac{1}{2}n\{2p+(n-1)\cdot2p\}=\boldsymbol{pn^2}$

18 (1) $S_n=\frac{1}{2}n\{2\cdot6+(n-1)\cdot3\}=132$

整理すると　$n^2+3n-88=0$

よって　$(n+11)(n-8)=0$

$n=8,\ -11$

n は自然数であるから　$\boldsymbol{n=8}$

(2) $S_n=\frac{1}{2}n\{2\cdot35+(n-1)\cdot(-7)\}=105$

整理すると　$n^2-11n+30=0$

よって　$(n-5)(n-6)=0$

$\boldsymbol{n=5,\ 6}$

(参考)

一般項は　$a_n=35+(n-1)\cdot(-7)$

$=-7n+42$

であるから　$a_6=0$

したがって，初項から第 5 項までの和 S_5 と初項から第 6 項までの和 S_6 は等しい。

19 (1) 項数を n とすると，初項 8，公差 3，第 n 項が 50 の等差数列であるから，

$8+(n-1)\cdot3=50$

これを解いて　$n=15$

すなわち，項数は **15**

また，和を S とすると，

S は初項 8，末項 50，項数 15 の等差数列の和であるから

$$S=\frac{1}{2}\cdot15\cdot(8+50)=\mathbf{435}$$

(2) 項数を n とすると，初項 30，公差 -4 第 n 項が -14 の等差数列であるから

$30+(n-1)\cdot(-4)=-14$

これを解いて　$n=12$

すなわち，項数は **12**

また，和を S とすると

S は初項 30，末項 -14，項数 12 の等差数列の和であるから

$$S=\frac{1}{2}\cdot12\cdot\{30+(-14)\}=\mathbf{96}$$

20 (1) 2 桁の自然数のうち，6 の倍数を順に並べると

$6\cdot2,\ 6\cdot3,\ 6\cdot4,\ \cdots\cdots,\ 6\cdot16$ ← $12,\ 18,\ 24,\ \cdots\cdots,\ 96$

となる。これは，初項 12，末項 96，項数 $16-(2-1)=15$ の等差数列であるから，求める和は

$$\frac{1}{2}\cdot15\cdot(12+96)=\mathbf{810}$$

(別解)

6 の倍数は，k を整数として $6k$ と表せる。

$10\leqq6k\leqq99$ とおくと　$\frac{5}{3}\leqq k\leqq\frac{33}{2}$

これを満たす最小の整数 k は　$k=2$

最大の整数 k は　$k=16$

であり，これを満たす整数 k の個数は

$16-2+1=15$ ← 項数

$k=2$ のとき $6\cdot2=12$ ← 初項

$k=16$ のとき $6\cdot16=96$ ← 末項

よって，求める和を S とすると，S は

初項 12，末項 96，項数 15 の等差数列の和

であるから

$$S=\frac{1}{2}\cdot15\cdot(12+96)=\mathbf{810}$$

(2) 2 桁の自然数のうち，4 で割ると 3 余る数を順に並べると

$4\cdot2+3,\ 4\cdot3+3,\ \cdots\cdots,\ 4\cdot24+3$（← 11, 15, ……, 99）

となる。これは，初項 11，末項 99，

項数 $24-(2-1)=23$ の等差数列

であるから，求める和は

$$\frac{1}{2}\cdot23\cdot(11+99)=\mathbf{1265}$$

（別解）

4 で割ると 3 余る数は，k を整数として，$4k+3$ と表せる。

$10\leqq4k+3\leqq99$ とおくと $\frac{7}{4}\leqq k\leqq24$

これを満たす最小の整数 k は $k=2$

最大の整数 k は $k=24$

であり，これを満たす整数 k の個数は

$24-2+1=23$ ← 項数

$k=2$ のとき $4\cdot2+3=11$ ← 初項

$k=24$ のとき $4\cdot24+3=99$ ← 末項

よって，求める和を S とすると，S は

初項 11，末項 99，項数 23 の等差数列の和

であるから

$$S=\frac{1}{2}\cdot23\cdot(11+99)=\mathbf{1265}$$

B

21 (1) 200 以下の自然数のうち，5 で割り切れる数を順に並べると

$5,\ 10,\ 15,\ \cdots\cdots,\ 200$

（$5\cdot1,\ 5\cdot2,\ 5\cdot3,\ \cdots\cdots,\ 5\cdot40$）

となる。これは，初項 5，末項 200，

項数 40 の等差数列であるから，求める和は

$$\frac{1}{2}\cdot40\cdot(5+200)=\mathbf{4100}$$

(2) 200 以下の自然数の総和は

$$1+2+3+\cdots\cdots+200=\frac{1}{2}\cdot200\cdot(1+200)=20100$$

よって，5 で割り切れない数の和は

$20100-4100=\mathbf{16000}$

（↑(総和)−(5 で割り切れる数の和)）

(3) 3 でも 5 でも割り切れる数は，15 で割り切れる数であるから，（15：3 と 5 の最小公倍数）

順に並べると

$15,\ 30,\ 45,\ \cdots\cdots,\ 195$

（$15\cdot1,\ 15\cdot2,\ 15\cdot3,\ \cdots\cdots,\ 15\cdot13$）

となる。これは，初項 15，末項 195，

項数 13 の等差数列であるから，求める和は

$$\frac{1}{2}\cdot13\cdot(15+195)=\mathbf{1365}$$

(4) 200 以下の自然数のうち，3 で割り切れる数を順に並べると

$3,\ 6,\ 9,\ \cdots\cdots,\ 198$

（$3\cdot1,\ 3\cdot2,\ 3\cdot3,\ \cdots\cdots,\ 3\cdot66$）

となる。これは，初項 3，末項 198，

項数 66 の等差数列であるから，その和は

$$\frac{1}{2}\cdot66\cdot(3+198)=6633$$

5 で割り切れる数の和は，(1)より 4100

3 でも 5 でも割り切れる数の和は，

(3)より 1365

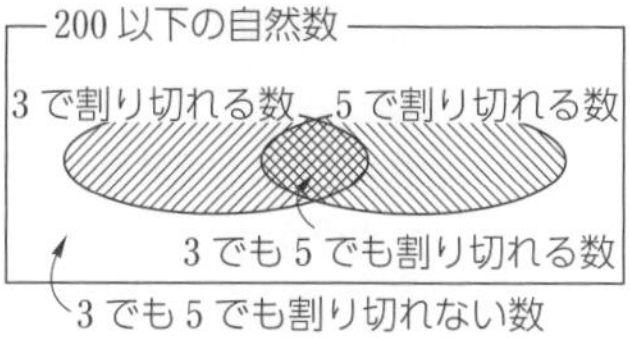

よって，3 または 5 で割り切れる数の和は

6633＋4100－1365＝**9368**

（3 で割り切れる数の和）＋（5 で割り切れる数の和）－（3 でも 5 でも割り切れる数の和）

(5) 200 以下の自然数の総和は

(2)より　20100

3 または 5 で割り切れる数の和は

(4)より　9368

よって，3 でも 5 でも割り切れない数の和は

20100－9368＝**10732**

(6) 3 で割っても 5 で割っても 2 余る数は，15 で割ると 2 余る数であるから，順に並べると

2，17，32，……，197

15・0＋2，15・1＋2，15・2＋2，……，15・13＋2

となる。これは，初項 2，末項 197，項数 14 の等差数列であるから，求める和は

$\frac{1}{2}\cdot 14\cdot(2+197)=\mathbf{1393}$

項数の数え間違いに注意（0～13 の整数は 14 個ある。）

C

22 等差数列の初項を a，公差を d，初項から第 n 項までの和を S_n とすると，条件から

$S_{10}=100,\ S_{20}=100+300=400$

であるから

$S_{10}=\frac{1}{2}\cdot 10\cdot(2a+9d)=100$ より　$2a+9d=20$　……①

$S_{20}=\frac{1}{2}\cdot 20\cdot(2a+19d)=400$ より　$2a+19d=40$　……②

①，②を解いて　$a=1,\ d=2$

よって，第 21 項から第 30 項までの和は

$$S_{30}-S_{20}=\frac{1}{2}\cdot 30\cdot(2\cdot 1+29\cdot 2)-400$$
$$=\mathbf{500}$$

（$S_{20}=400$）

（参考）

等差数列の初項から第 10 項までの和を T_1，第 11 項から第 20 項までの和を T_2，第 21 項から第 30 項までの和を T_3 とすると，T_1，T_2，T_3 はこの順に等差数列をなす。

このとき，$T_1+T_3=2T_2$ より

$T_3=2T_2-T_1=2\times 300-100=500$

とすることもできる。

（教p.18 節末 2）

⇦ $S_{20}=(a_1+a_2+\cdots\cdots+a_{10})$
$+(a_{11}+a_{12}+\cdots\cdots+a_{20})$
$=100+300=400$

⇦ $S_{30}=(a_1+a_2+\cdots\cdots+a_{20})$
$+(a_{21}+a_{22}+\cdots\cdots+a_{30})$
$=S_{20}+(a_{21}+a_{22}+\cdots\cdots+a_{30})$
より
$a_{21}+a_{22}+\cdots\cdots+a_{30}=S_{30}-S_{20}$

⇦ $T_1=a_1+a_2+\cdots\cdots+a_{10}$
↓+20 ↓+20 ↓+20
$T_2=a_{11}+a_{12}+\cdots\cdots+a_{20}$
より　$T_2=T_1+200$
同様に　$T_3=T_2+200$

23 (1) 等差数列を $\{a_n\}$ とすると，その一般項 a_n は

$$a_n=-41+(n-1)\cdot 3=3n-44$$

ここで，$a_n>0$ とすると

$$3n-44>0$$

これを解いて　$n>\frac{44}{3}=14.6\cdots\cdots$

これを満たす最小の自然数 n は　$n=15$

よって，はじめて正の値になるのは　**第 15 項**

(2) (1)より，S_n が最小となるのは　$n=14$ のときであり，その最小値は

$$S_{14}=\frac{1}{2}\cdot 14\cdot\{2\cdot(-41)+(14-1)\cdot 3\}=\mathbf{-301}$$

(別解)

$$S_n=\frac{1}{2}n\{2\cdot(-41)+(n-1)\cdot 3\}$$

$$=\frac{1}{2}(3n^2-85n)$$

$$=\frac{3}{2}\left(n-\frac{85}{6}\right)^2-\frac{85^2}{24}$$

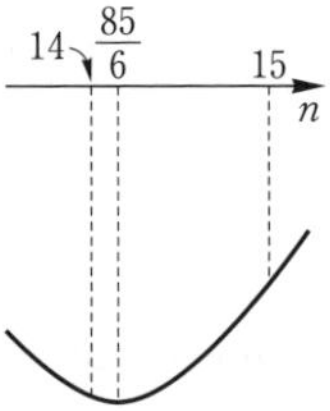

ここで，n は自然数で，$\frac{85}{6}=14.16\cdots\cdots$

であるから，$n=14$ のとき S_n は

最小となり，その最小値は

$$S_{14}=\frac{1}{2}\cdot(3\cdot 14^2-85\cdot 14)=\mathbf{-301}$$

(3)
$$S_n=\frac{1}{2}n\{2\cdot(-41)+(n-1)\cdot 3\}$$

$$=\frac{1}{2}n(3n-85)$$

ここで，$S_n>0$ とすると　$\frac{1}{2}n(3n-85)>0$

n は自然数であるから　$n>0$

よって，$3n-85>0$ より　$n>\frac{85}{3}$

n は自然数で，$\frac{85}{3}=28.3\cdots\cdots$であるから，これを満たす

最小の自然数 n は　$n=29$

ゆえに，S_n がはじめて正の値となるとき　$\boldsymbol{n=29}$

㊫p.18 節末 1

⇦ $a_n>0$ となる最小の自然数 n を求める。

⇦ $a_n<0$ である間，S_n は減少する。

⇦ S_n を n の 2 次関数とみて最小値を求める。その際，n が自然数であることに注意する。

⇦ $\frac{85}{6}$ に最も近い自然数 n は $n=14$

⇦ $S_n>0$ となる最小の自然数 n を求める。

4 等比数列

本編 p.009

A

24 (1) 初項は 2,

公比は $\dfrac{6}{2}=3$ ← $a_2=ra_1$ より $r=\dfrac{a_2}{a_1}$

(2) 初項は 8,

公比は $\dfrac{-12}{8}=-\dfrac{3}{2}$

25 (1) $\boldsymbol{a_n=3\cdot 2^{n-1}}$

$a_7=3\cdot 2^{7-1}=\mathbf{192}$

(2) 初項 4，公比 $-\dfrac{\sqrt{2}}{2}$ より ← $r=\dfrac{-2\sqrt{2}}{4}=-\dfrac{\sqrt{2}}{2}$

$\boldsymbol{a_n=4\left(-\dfrac{\sqrt{2}}{2}\right)^{n-1}}$

$a_7=4\cdot\left(-\dfrac{\sqrt{2}}{2}\right)^{7-1}=\boldsymbol{\dfrac{1}{2}}$

26 等比数列を $\{a_n\}$ とする。

(1) $a_n=5\cdot 2^{n-1}$ であるから，

$a_n=80$ とおくと $5\cdot 2^{n-1}=80$

よって $2^{n-1}=16=2^4$

ゆえに $n-1=4$

すなわち $n=5$

したがって，80 は **第 5 項**

(2) $a_n>1000$ とおくと $5\cdot 2^{n-1}>1000$

よって $2^{n-1}>200$

$2^7=128$，$2^8=256$ であるから，

a_n がはじめて 1000 を超えるのは

$n-1=8$，すなわち $n=9$ のとき

ゆえに，はじめて 1000 を超えるのは**第 9 項**

27 等比数列 $\{a_n\}$ の初項を a，公比を r とする。

(1) $a_2=ar=12$ ……①

$a_5=ar^4=324$ ……②

①，②より $r^3=27$ ← $\dfrac{ar^4}{ar}=\dfrac{324}{12}$

r は実数であるから $r=3$

①に代入して $a=4$ ← $3a=12$

よって，一般項は

$\boldsymbol{a_n=4\cdot 3^{n-1}}$

(2) $a_3=ar^2=5$ ……①

$a_7=ar^6=125$ ……②

①，②より $r^4=25$ ← $\dfrac{ar^6}{ar^2}=\dfrac{125}{5}$

$(r^2-5)(r^2+5)=0$

r は実数であるから $r^2-5=0$

よって $r=\pm\sqrt{5}$

$r=\sqrt{5}$ のとき

①に代入して $a=1$

$r=-\sqrt{5}$ のとき

①に代入して $a=1$

ゆえに，一般項は

$\boldsymbol{a_n=(\sqrt{5})^{n-1}}$ または $\boldsymbol{a_n=(-\sqrt{5})^{n-1}}$

28 (1) 27，x，3 がこの順に等比数列であるとき

$x^2=27\cdot 3$ すなわち $x^2=81$

よって $\boldsymbol{x=\pm 9}$

(2) x，$x+2$，8 がこの順に等比数列であるとき

$(x+2)^2=x\cdot 8$

整理して $x^2-4x+4=0$

すなわち $(x-2)^2=0$

よって $\boldsymbol{x=2}$

B

29 公比を r とおくと，初項が 3，第 5 項が 48

であることから

3, □, □, □, 48
×r ×r ×r ×r
初項 第 5 項

$3\cdot r^4=48$

これから $r^4=16$

$(r^2-4)(r^2+4)=0$

r は実数であるから $r^2-4=0$

よって $r=\pm 2$

ゆえに，求める 3 つの数は順に

$r=-2$ のとき **−6，12，−24**

$r=2$ のとき **6，12，24**

30 数列15, a, b が等差数列であるから

$2a=15+b$ ……①

数列 b, a, 20 が等比数列であるから

$a^2=20b$ ……②

①, ②より, b を消去すると

$a^2=20(2a-15)$ ⟵ ①より $b=2a-15$

整理して $a^2-40a+300=0$

$(a-10)(a-30)=0$

これから $a=10,\ 30$

$a=10$ のとき, ①から $b=5$

$a=30$ のとき, ①から $b=45$

よって, $\boldsymbol{a=10,\ b=5}$

または $\boldsymbol{a=30,\ b=45}$

5 等比数列の和

本編 p.010～011

A

31 (1) $S_n=\dfrac{9\cdot(4^n-1)}{4-1}$ ⟵ $S_n=\dfrac{a(r^n-1)}{r-1}$

$=\boldsymbol{3(4^n-1)}$

(2) $S_n=\dfrac{6\cdot\{1-(-5)^n\}}{1-(-5)}$ ⟵ $S_n=\dfrac{a(1-r^n)}{1-r}$

$=\boldsymbol{1-(-5)^n}$

(3) $S_n=\dfrac{3\cdot\left\{1-\left(\frac{1}{2}\right)^n\right\}}{1-\frac{1}{2}}=3\left\{1-\left(\frac{1}{2}\right)^n\right\}\div\frac{1}{2}$

$=\boldsymbol{6\left\{1-\left(\frac{1}{2}\right)^n\right\}}$

(4) $S_n=\dfrac{15\cdot\left\{1-\left(-\frac{2}{3}\right)^n\right\}}{1-\left(-\frac{2}{3}\right)}=15\left\{1-\left(-\frac{2}{3}\right)^n\right\}\div\frac{5}{3}$

$=\boldsymbol{9\left\{1-\left(-\frac{2}{3}\right)^n\right\}}$

32 求める等比数列の和を S とする。

(1) この数列は初項1, 公比2の等比数列。

第 n 項が1024であるとすると

$1\cdot2^{n-1}=1024$ より $2^{n-1}=2^{10}$

これより $n-1=10$

すなわち $n=11$

よって $S=\dfrac{1\cdot(2^{11}-1)}{2-1}$ ⟵ 初項から第11項までの和

$=2^{11}-1=\boldsymbol{2047}$

(2) この数列は初項1, 公比 -3 の等比数列。

第 n 項が729であるとすると

$1\cdot(-3)^{n-1}=729$ より

$(-3)^{n-1}=(-3)^6$

これより $n-1=6$

すなわち $n=7$

よって $S=\dfrac{1\cdot\{1-(-3)^7\}}{1-(-3)}$ ⟵ 初項から第7項までの和

$=\dfrac{1+2187}{4}$ ⟵ $(-3)^7=-2187$

$=\boldsymbol{547}$

33 初項を a とすると

$S_7=\dfrac{a\{1-(-2)^7\}}{1-(-2)}=258$ ⟵ $(-2)^7=-128$

よって $129a=3\times258$

ゆえに $a=6$

すなわち, この等比数列の初項は **6**

また, 求める和 S_n は

$S_n=\dfrac{6\{1-(-2)^n\}}{1-(-2)}$

$=\boldsymbol{2\{1-(-2)^n\}}$

B

34 等比数列の初項を a，公比を r とする。

(1) 第 2 項と第 3 項の和が 12 であるから

$ar+ar^2=12$

すなわち　$ar(1+r)=12$　……①

第 4 項と第 5 項の和が 108 であるから

$ar^3+ar^4=108$

すなわち　$ar^3(1+r)=108$　……②

①，②より　$r^2=9$ ← $r^2\cdot ar(1+r)=108$

これより　$r=\pm3$

$r=3$ のとき，①より　$a=1$

$r=-3$ のとき，①より　$a=2$

よって，初項は **1**，公比は **3**

または　初項は **2**，公比は **−3**

(2) 初項から第 3 項までの和が 15 であるから

$a+ar+ar^2=15$

すなわち　$a(1+r+r^2)=15$　……①

初項から第 6 項までの和が −105 であるから

$a+ar+ar^2+ar^3+ar^4+ar^5=-105$

$a(1+r+r^2)+\underline{ar^3(1+r+r^2)}=-105$

↓ $r^3\cdot a(1+r+r^2)$　……②

①，②より　$15+\underline{15r^3}=-105$

よって　$r^3=-8$

r は実数であるから　$r=-2$

このとき，①より　$a=5$

ゆえに，初項は **5**，公比は **−2**

(別解)

$r=1$ とすると　$3a=15$，$6a=-105$

これを満たす a は存在しないから，

$r\neq1$ である。

初項から第 3 項までの和が 15 であるから

$\dfrac{a(1-r^3)}{1-r}=15$　…①

初項から第 6 項までの和が −105 であるから

$\dfrac{a(1-r^6)}{1-r}=-105$ → $1-r^6=(1-r^3)(1+r^3)$

$\dfrac{a(1-r^3)(1+r^3)}{1-r}=-105$　…②

①，②より　$15(1+r^3)=-105$

よって　$1+r^3=-7$

すなわち　$r^3=-8$

r は実数であるから　$r=-2$

このとき，①より　$a=5$ ← $\dfrac{a(1+8)}{1+2}=15$

ゆえに，初項は **5**，公比は **−2**

35 (1) $\boldsymbol{r=\underline{-\dfrac{8}{9}\div\dfrac{32}{27}}=-\dfrac{8}{9}\times\dfrac{27}{32}=-\dfrac{3}{4}}$

↑ $\dfrac{2}{3}\div\left(-\dfrac{8}{9}\right)$ や $-\dfrac{1}{2}\div\dfrac{2}{3}$ でもよい。

であるから

$\boldsymbol{a_n=\dfrac{32}{27}\left(-\dfrac{3}{4}\right)^{n-1}}$

$S_n=\dfrac{\dfrac{32}{27}\left\{1-\left(-\dfrac{3}{4}\right)^n\right\}}{1-\left(-\dfrac{3}{4}\right)}=\boldsymbol{\dfrac{128}{189}\left\{1-\left(-\dfrac{3}{4}\right)^n\right\}}$

(2) $\boldsymbol{r}=\underline{\dfrac{1}{\sqrt{2}-1}}=\dfrac{\sqrt{2}+1}{(\sqrt{2})^2-1^2}=\boldsymbol{1+\sqrt{2}}$

↑ $a_3\div a_2=1\div(\sqrt{2}-1)$ から求めると計算しやすい。

であるから

$\boldsymbol{a_n=(3-2\sqrt{2})(1+\sqrt{2})^{n-1}}$

$S_n=\dfrac{(3-2\sqrt{2})\{(1+\sqrt{2})^n-1\}}{(1+\sqrt{2})-1}$

$=\boldsymbol{\dfrac{3\sqrt{2}-4}{2}\{(1+\sqrt{2})^n-1\}}$

36 初項 2，公比 3 の等比数列の一般項 a_n は

$a_n=2\cdot3^{n-1}$

(1) $\dfrac{1}{a_n}=\dfrac{1}{2\cdot3^{n-1}}=\dfrac{1}{2}\left(\dfrac{1}{3}\right)^{n-1}$ であるから，

数列 $\left\{\dfrac{1}{a_n}\right\}$ は初項 $\dfrac{1}{2}$，公比 $\dfrac{1}{3}$ の等比数列である。したがって，求める和を S とすると

$S=\dfrac{\dfrac{1}{2}\left\{1-\left(\dfrac{1}{3}\right)^n\right\}}{1-\dfrac{1}{3}}=\boldsymbol{\dfrac{3}{4}\left\{1-\left(\dfrac{1}{3}\right)^n\right\}}$

(2) ${a_n}^2=(2\cdot3^{n-1})^2=4\cdot9^{n-1}$ であるから，数列 $\{{a_n}^2\}$ は，初項 4，公比 9 の等比数列である。よって，求める和を S とすると

$S=\dfrac{4(9^n-1)}{9-1}=\boldsymbol{\dfrac{1}{2}(9^n-1)}$

37 求める等比数列の公比を r，項数を n とする。

末項が 192 であるから

$3\cdot r^{n-1}=192$ ……①

初項から末項までの和が 381 であり，①より

$r\neq 1$ であるから

$r=1$ のとき，①は成り立たない。

$\dfrac{3(1-r^n)}{1-r}=381$ ……②

①より　$r^{n-1}=64$

この式から $r^{n-1}=2^6$ より $r=2$，$n-1=6$ とはできない。$4^3=2^6$ の場合もある。

すなわち　$r^n=64r$

②に代入して

$\dfrac{3(1-64r)}{1-r}=381$

よって　$1-64r=127(1-r)$

これを解いて　$r=2$

このとき　$2^{n-1}=64=2^6$

$r^{n-1}=64$ に代入

より　$n-1=6$

すなわち　$n=7$

ゆえに，公比は **2**，項数は **7**

38 求める等比数列の初項を a，公比を r とする。

第 4 項が 24 であるから

$ar^3=24$ ……①

初項から第 4 項までの和が 15 であるから

$a+ar+ar^2+ar^3=15$

①を代入して　$a(1+r+r^2)+24=15$

すなわち　$a(1+r+r^2)=-9$

両辺に r^3 を掛けて　$ar^3(1+r+r^2)=-9r^3$

$ar^3=24$ を利用する。

①を代入して　$24(1+r+r^2)=-9r^3$

整理すると　$3r^3+8r^2+8r+8=0$

$r=-2$ とすると

$3\cdot(-2)^3+8\cdot(-2)^2+8\cdot(-2)+8$

$=-24+32-16+8=0$

であるから，左辺は $(r+2)$ を因数にもつ。

これを解くと

$(r+2)(3r^2+2r+4)=0$

より　$r+2=0$ または $3r^2+2r+4=0$

$3r^2+2r+4=0$ の判別式を D とすると，

$\dfrac{D}{4}=1-12=-11<0$ より実数解はない。

よって　$r+2=0$ より　$r=-2$

このとき，①より　$-8a=24$

ゆえに　$a=-3$

したがって，初項は **−3**，公比は **−2**

(別解)

第 4 項が 24 であるから

$ar^3=24$ ……①

$r=1$ とすると，①より $a=24$ であるが，

$a_n=24\cdot 1^{n-1}=24$

となり，初項から第 4 項の和は 15 にならない。

よって　$r\neq 1$

初項から第 4 項までの和が 15 であるから

$\dfrac{a(1-r^4)}{1-r}=15$

$a(1-r^4)=15(1-r)$

$ar^3(1-r^4)=15r^3(1-r)$

①を代入して

$24(1-r^4)=15r^3(1-r)$

$24(1-r)(1+r)(1+r^2)=15r^3(1-r)$

$r\neq 1$ より　$24(1+r)(1+r^2)=15r^3$

展開して整理すると

$3r^3+8r^2+8r+8=0$

$(r+2)(3r^2+2r+4)=0$

r は実数であり，

$3r^2+2r+4=3\left(r+\dfrac{1}{3}\right)^2+\dfrac{11}{3}>0$

であるから　$r+2=0$

すなわち　$r=-2$

これと①より　$a=-3$

ゆえに，初項は **−3**，公比は **−2**

C

39 求める 3 つの数を a, ar, ar^2 とおく。

3 つの数の和が -7 であるから

$$a+ar+ar^2=-7 \quad \cdots\cdots ①$$

3 つの数の積が 27 であるから

$$a \cdot ar \cdot ar^2=27 \quad \cdots\cdots ②$$

②より　$a^3r^3=27$

すなわち　$(ar)^3=27$

ar は実数であるから　$ar=3$

①より　$a(1+r+r^2)=-7$

両辺に r を掛けて

$$ar(1+r+r^2)=-7r$$ ← $ar=3$ を利用する

であるから　$3(1+r+r^2)=-7r$

整理して　$3r^2+10r+3=0$

$(3r+1)(r+3)=0$

よって　$r=-\dfrac{1}{3}$, -3

$r=-\dfrac{1}{3}$ のとき

$-\dfrac{1}{3}a=3$ より　$a=-9$

であるから，3 つの数は　-9, 3, -1

$r=-3$ のとき

$-3a=3$ より　$a=-1$

であるから，3 つの数は　-1, 3, -9

ゆえに，求める 3 つの数は　**-1, 3, -9**

㊎p.18 節末 4

⇦この条件から $r \neq 0$

なお，$r \neq 0$ より，3 つの数を $\dfrac{a}{r}$, a, ar とおいてもよい。

⇦X, A は実数，$X^3=A^3$ のとき，$X^3-A^3=0$ より

$(X-A)(X^2+AX+A^2)=0$

ここで

X^2+AX+A^2

$=\left(X+\dfrac{A}{2}\right)^2+\dfrac{3}{4}A^2>0$

より，実数解は $X=A$

40 8 年後の元利合計を S, 単位を万円とすると

$$S=20\times(1+0.05)^8+20\times(1+0.05)^7+20\times(1+0.05)^6+\cdots$$
$$\cdots+20\times(1+0.05)^2+20\times(1+0.05)$$
$$=20\times(1.05+1.05^2+\cdots\cdots+1.05^7+1.05^8)$$
$$=20\times\frac{1.05\times(1.05^8-1)}{1.05-1}$$
$$=20\times\frac{1.05\times(1.477-1)}{0.05}$$
$$=200.34$$

↑ 初項 1.05, 公比 1.05 項数 8 の等比数列の和

よって，求める元利合計は　**200.3 万円**

(㊎p.19 column)

⇦8 年後の積立金合計

・1 年目の積立金は
$20\times(1+0.05)^8$（万円）

・2 年目の積立金は
$20\times(1+0.05)^7$（万円）

⋮

・8 年目の積立金は
$20\times(1+0.05)^1$（万円）

2節　いろいろな数列

1　数列の和とΣ記号

本編 p.012〜014

A

41 (1) $\sum_{k=1}^{5}(3k+1)=\mathbf{4+7+10+13+16}$

(2) $\sum_{k=1}^{6}k(k+1)=1\cdot2+2\cdot3+3\cdot4+4\cdot5+5\cdot6+6\cdot7$

$=\mathbf{2+6+12+20+30+42}$

(3) $\sum_{k=1}^{n}(k+1)^2=\mathbf{2^2+3^2+4^2+\cdots\cdots+(n+1)^2}$

(4) $\sum_{k=1}^{n}2^k=\mathbf{2+2^2+2^3+\cdots\cdots+2^n}$

42 (1) $1^2+2^2+3^2+\cdots\cdots+20^2=\boldsymbol{\sum_{k=1}^{20}k^2}$

(2) $1^2\cdot3+2^2\cdot5+3^2\cdot7+4^2\cdot9+5^2\cdot11$

$=\boldsymbol{\sum_{k=1}^{5}k^2(2k+1)}$

(3) $18+14+10+\cdots\cdots+(22-4n)$　→第 k 項は $22-4k$

$=\boldsymbol{\sum_{k=1}^{n}(22-4k)}$

(4) $3^3+3^4+3^5+\cdots\cdots+3^{20}=\boldsymbol{\sum_{k=1}^{18}3^{k+2}}$　← $\sum_{k=3}^{20}3^k$ でもよい。

(5) $1+\frac{1}{2}+\frac{1}{3}+\cdots\cdots+\frac{1}{n}=\boldsymbol{\sum_{k=1}^{n}\frac{1}{k}}$

(6) 初項5，公差3の等差数列の一般項は

$a_n=5+(n-1)\cdot3=3n+2$　→ $a_k=3k+2$

$3n+2=26$ とおくと　$n=8$

よって　$5+8+11+\cdots\cdots+26=\boldsymbol{\sum_{k=1}^{8}(3k+2)}$

43 $\sum_{k=1}^{4}(4k+3)$

$=(4\cdot1+3)+(4\cdot2+3)+(4\cdot3+3)+(4\cdot4+3)$

$=7+11+15+19$

① $\sum_{i=1}^{4}(4i+3)$

$=(4\cdot1+3)+(4\cdot2+3)+(4\cdot3+3)+(4\cdot4+3)$

$=7+11+15+19$　○

② $\sum_{j=2}^{5}(4j+3)$

$=(4\cdot2+3)+(4\cdot3+3)+(4\cdot4+3)+(4\cdot5+3)$

$=11+15+19+23$　×

③ $\sum_{k=0}^{4}(4k+7)$

$=(4\cdot0+7)+(4\cdot1+7)+(4\cdot2+7)+(4\cdot3+7)+(4\cdot4+7)$

$=7+11+15+19+23$　×

④ $\sum_{p=2}^{5}(4p-1)$

$=(4\cdot2-1)+(4\cdot3-1)+(4\cdot4-1)+(4\cdot5-1)$

$=7+11+15+19$　○

よって，等しいものは①，④

44 (1) $\sum_{k=1}^{10}4=4\cdot10=\mathbf{40}$

(2) $\sum_{k=1}^{30}k=\frac{1}{2}\cdot30\cdot(30+1)$

$=\frac{1}{2}\cdot30\cdot31=\mathbf{465}$

(3) $\sum_{k=1}^{14}k^2=\frac{1}{6}\cdot14\cdot(14+1)\cdot(2\cdot14+1)$

$=\frac{1}{6}\cdot14\cdot15\cdot29=\mathbf{1015}$

(4) $\sum_{i=1}^{8}i^3=\left\{\frac{1}{2}\cdot8\cdot(8+1)\right\}^2$

$=\left(\frac{1}{2}\cdot8\cdot9\right)^2=36^2=\mathbf{1296}$

45 (1) $\sum_{k=1}^{n}(4k-3)=4\sum_{k=1}^{n}k-\sum_{k=1}^{n}3$

$=4\cdot\frac{1}{2}n(n+1)-3n$

$=2n(n+1)-3n$　← 共通因数 n をくくり出す。

$=n\{2(n+1)-3\}=\boldsymbol{n(2n-1)}$

(2) $\sum_{k=1}^{n}(3k^2+5k)=3\sum_{k=1}^{n}k^2+5\sum_{k=1}^{n}k$

$=3\cdot\frac{1}{6}n(n+1)(2n+1)+5\cdot\frac{1}{2}n(n+1)$

$=\frac{1}{2}n(n+1)(2n+1)+5\cdot\frac{1}{2}n(n+1)$

$=\frac{1}{2}n(n+1)\{(2n+1)+5\}$ ← 共通因数 $\frac{1}{2}n(n+1)$ をくくり出す。

$=\frac{1}{2}n(n+1)(2n+6)$ ← $2n+6=2(n+3)$

$=\boldsymbol{n(n+1)(n+3)}$

(3) $\sum_{k=1}^{n}k^2(k-3)=\sum_{k=1}^{n}k^3-3\sum_{k=1}^{n}k^2$

$=\left\{\frac{1}{2}n(n+1)\right\}^2-3\cdot\frac{1}{6}n(n+1)(2n+1)$

$=\frac{1}{4}n^2(n+1)^2-\frac{1}{2}n(n+1)(2n+1)$ ← $\frac{1}{2}=\frac{1}{4}\cdot 2$

$=\frac{1}{4}n(n+1)\{n(n+1)-2(2n+1)\}$

$=\boldsymbol{\frac{1}{4}n(n+1)(n^2-3n-2)}$

(4) $\sum_{k=1}^{n}(2k-1)^2=\sum_{k=1}^{n}(4k^2-4k+1)$

$=4\sum_{k=1}^{n}k^2-4\sum_{k=1}^{n}k+\sum_{k=1}^{n}1$

$=4\cdot\frac{1}{6}n(n+1)(2n+1)-4\cdot\frac{1}{2}n(n+1)+n$

$=\frac{2}{3}n(n+1)(2n+1)-2n(n+1)+n$ ← $2=\frac{1}{3}\cdot 6$, $1=\frac{1}{3}\cdot 3$

$=\frac{1}{3}n\{2(n+1)(2n+1)-6(n+1)+3\}$

$=\frac{1}{3}n(4n^2-1)$

$=\boldsymbol{\frac{1}{3}n(2n+1)(2n-1)}$

(5) $\sum_{k=1}^{n}4\cdot 5^{k-1}$ ← 初項 4，公比 5，項数 n の等比数列の和

$=\frac{4\cdot(5^n-1)}{5-1}=\boldsymbol{5^n-1}$

(6) $\sum_{k=1}^{n}(5^k+2^k)$

$=\sum_{k=1}^{n}5^k+\sum_{k=1}^{n}2^k=\sum_{k=1}^{n}5\cdot 5^{k-1}+\sum_{k=1}^{n}2\cdot 2^{k-1}$

$=\frac{5(5^n-1)}{5-1}+\frac{2(2^n-1)}{2-1}$

$=\frac{5^{n+1}-5}{4}+2^{n+1}-2$

$=\frac{1}{4}(5^{n+1}-5+4\cdot 2^{n+1}-8)$ ← $4\cdot 2^{n+1}=2^2\cdot 2^{n+1}=2^{n+3}$

$=\boldsymbol{\frac{1}{4}(5^{n+1}+2^{n+3}-13)}$

46 (1) 第 k 項は $k\cdot 2k=2k^2$ と表されるから，求める和 S_n は

$S_n=\sum_{k=1}^{n}2k^2=2\sum_{k=1}^{n}k^2$

$=2\cdot\frac{1}{6}n(n+1)(2n+1)$

$=\boldsymbol{\frac{1}{3}n(n+1)(2n+1)}$

(2) 第 k 項は $(3k-2)^2=9k^2-12k+4$ と表されるから，求める和 S_n は

$S_n=\sum_{k=1}^{n}(9k^2-12k+4)$

$=9\sum_{k=1}^{n}k^2-12\sum_{k=1}^{n}k+\sum_{k=1}^{n}4$

$=9\cdot\frac{1}{6}n(n+1)(2n+1)-12\cdot\frac{1}{2}n(n+1)+4n$

$=\frac{3}{2}n(n+1)(2n+1)-6n(n+1)+4n$ ← $6=\frac{1}{2}\cdot 12$, $4=\frac{1}{2}\cdot 8$

$=\frac{1}{2}n\{3(n+1)(2n+1)-12(n+1)+8\}$

$=\boldsymbol{\frac{1}{2}n(6n^2-3n-1)}$

B

47 (1) $\sum_{k=1}^{n-1} 3k^2 = 3\sum_{k=1}^{n-1} k^2$ ← 公式の n を $n-1$ で置き換える。

$= 3\cdot\frac{1}{6}\cdot(n-1)\{(n-1)+1\}\{2(n-1)+1\}$

$= \boldsymbol{\frac{1}{2}n(n-1)(2n-1)}$

(2) $\sum_{k=1}^{2n+1}(2k-3) = 2\sum_{k=1}^{2n+1}k - \sum_{k=1}^{2n+1}3$

$= 2\cdot\frac{1}{2}(2n+1)\{(2n+1)+1\} - 3(2n+1)$

$= (2n+1)(2n+2) - 3(2n+1)$

$= (2n+1)\{(2n+2)-3\} = \boldsymbol{(2n+1)(2n-1)}$

(3) $\sum_{k=5}^{10}k^3 = \sum_{k=1}^{10}k^3 - \sum_{k=1}^{4}k^3$ ←

$(1^3+2^3+3^3+4^3+5^3+\cdots+10^3)-(1^3+2^3+3^3+4^3)$

$= \left\{\frac{1}{2}\cdot 10\cdot(10+1)\right\}^2 - \left\{\frac{1}{2}\cdot 4\cdot(4+1)\right\}^2$

$= 55^2 - 10^2 = \boldsymbol{2925}$

(4) $\sum_{k=1}^{n}(2k+n) = 2\sum_{k=1}^{n}k + \sum_{k=1}^{n}n$ ← n は定数扱い（k とは無関係）

$= 2\cdot\frac{1}{2}n(n+1) + n\cdot n$ ← $\sum_{k=1}^{n}n = n\sum_{k=1}^{n}1$

$= n(n+1) + n^2$

$= n\{(n+1)+n\}$

$= \boldsymbol{n(2n+1)}$

48 (1) $\sum_{k=1}^{n}(k+2)(3k-1) = \sum_{k=1}^{n}(3k^2+5k-2)$

$= 3\sum_{k=1}^{n}k^2 + 5\sum_{k=1}^{n}k - \sum_{k=1}^{n}2$

$= 3\cdot\frac{1}{6}n(n+1)(2n+1) + 5\cdot\frac{1}{2}n(n+1) - 2n$

$= \frac{1}{2}n(n+1)(2n+1) + \frac{5}{2}n(n+1) - 2n$

$= \frac{1}{2}n\{(n+1)(2n+1)+5(n+1)-4\}$ ← $2n = \frac{1}{2}n\cdot 4$

$= \frac{1}{2}n(2n^2+8n+2)$

$= \boldsymbol{n(n^2+4n+1)}$

(2) $\sum_{k=1}^{n}k(k-1)(k-2) = \sum_{k=1}^{n}(k^3-3k^2+2k)$

$= \sum_{k=1}^{n}k^3 - 3\sum_{k=1}^{n}k^2 + 2\sum_{k=1}^{n}k$

$= \left\{\frac{1}{2}n(n+1)\right\}^2 - 3\cdot\frac{1}{6}n(n+1)(2n+1) + 2\cdot\frac{1}{2}n(n+1)$

$= \frac{1}{4}n^2(n+1)^2 - \frac{1}{2}n(n+1)(2n+1) + n(n+1)$

$= \frac{1}{4}n(n+1)\{n(n+1)-2(2n+1)+4\}$

$= \frac{1}{4}n(n+1)(n^2-3n+2)$

$= \boldsymbol{\frac{1}{4}n(n+1)(n-1)(n-2)}$

(3) $\sum_{k=1}^{n}(-3)^{k-1} = \frac{1-(-3)^n}{1-(-3)}$

$= \boldsymbol{\frac{1}{4}\{1-(-3)^n\}}$

(4) $\sum_{k=1}^{n}\frac{1}{2^{k-1}} = \sum_{k=1}^{n}\left(\frac{1}{2}\right)^{k-1} = \frac{1-\left(\frac{1}{2}\right)^n}{1-\frac{1}{2}}$

$= \left\{1-\left(\frac{1}{2}\right)^n\right\} \div \frac{1}{2} = \boldsymbol{2\left\{1-\left(\frac{1}{2}\right)^n\right\}}$

(5) $\sum_{k=1}^{n}(2^k+1)(4^k-2^k+1)$ ← $2^k = A$ とすると $(A+1)(A^2-A+1) = A^3+1$

$= \sum_{k=1}^{n}\{(2^k)^3+1^3\}$

$= \sum_{k=1}^{n}(8^k+1) = \sum_{k=1}^{n}8\cdot 8^{k-1} + \sum_{k=1}^{n}1$

$= \frac{8(8^n-1)}{8-1} + n = \frac{8}{7}(8^n-1) + n$

$= \boldsymbol{\frac{1}{7}(8^{n+1}+7n-8)}$

49 (1) 第 k 項は $(2k+2)\cdot(3k-5)=6k^2-4k-10$ と表されるから，求める和 S_n は

$$S_n=\sum_{k=1}^{n}(6k^2-4k-10)$$
$$=6\sum_{k=1}^{n}k^2-4\sum_{k=1}^{n}k-\sum_{k=1}^{n}10$$
$$=6\cdot\frac{1}{6}n(n+1)(2n+1)-4\cdot\frac{1}{2}n(n+1)-10n$$
$$=n(n+1)(2n+1)-2n(n+1)-10n$$
$$=n\{(n+1)(2n+1)-2(n+1)-10\}$$
$$=\boldsymbol{n(2n^2+n-11)}$$

(2) 第 k 項は $(2k-1)\cdot k^2=2k^3-k^2$ と表されるから，求める和 S_n は

$$S_n=\sum_{k=1}^{n}(2k^3-k^2)=2\sum_{k=1}^{n}k^3-\sum_{k=1}^{n}k^2$$
$$=2\cdot\left\{\frac{1}{2}n(n+1)\right\}^2-\frac{1}{6}n(n+1)(2n+1)$$

$\frac{1}{2}=\frac{1}{6}\cdot 3$

$$=\frac{1}{2}n^2(n+1)^2-\frac{1}{6}n(n+1)(2n+1)$$
$$=\frac{1}{6}n(n+1)\{3n(n+1)-(2n+1)\}$$
$$=\boldsymbol{\frac{1}{6}n(n+1)(3n^2+n-1)}$$

50 (1) 第 k 項は，初項 2，公差 2，項数 k の等差数列の和で表されるから

$$\frac{1}{2}\cdot k\cdot\{2\cdot 2+(k-1)\cdot 2\}=\boldsymbol{k^2+k}$$

と表される。よって，求める和 S_n は

$$S_n=\sum_{k=1}^{n}(k^2+k)$$
$$=\sum_{k=1}^{n}k^2+\sum_{k=1}^{n}k$$

$\frac{1}{2}=\frac{1}{6}\cdot 3$

$$=\frac{1}{6}n(n+1)(2n+1)+\frac{1}{2}n(n+1)$$
$$=\frac{1}{6}n(n+1)\{(2n+1)+3\}$$
$$=\frac{1}{6}n(n+1)(2n+4)$$
$$=\boldsymbol{\frac{1}{3}n(n+1)(n+2)}$$

(2) 第 k 項は，初項 1，公差 3，項数 k の等差数列の和で表されるから

$$\frac{1}{2}\cdot k\cdot\{2\cdot 1+(k-1)\cdot 3\}$$
$$=\frac{1}{2}k(3k-1)=\boldsymbol{\frac{1}{2}(3k^2-k)}$$

と表される。よって，求める和 S_n は

$$S_n=\sum_{k=1}^{n}\frac{1}{2}(3k^2-k)$$
$$=\frac{1}{2}\left(3\sum_{k=1}^{n}k^2-\sum_{k=1}^{n}k\right)$$
$$=\frac{1}{2}\left\{3\cdot\frac{1}{6}n(n+1)(2n+1)-\frac{1}{2}n(n+1)\right\}$$
$$=\frac{1}{2}\left\{\frac{1}{2}n(n+1)(2n+1)-\frac{1}{2}n(n+1)\right\}$$
$$=\frac{1}{2}\cdot\frac{1}{2}n(n+1)\{(2n+1)-1\}$$
$$=\frac{1}{4}n(n+1)\cdot 2n$$
$$=\boldsymbol{\frac{1}{2}n^2(n+1)}$$

(3) 第 k 項は，初項 1，公比 3，項数 k の等比数列の和で表されるから

$$\frac{1\cdot(3^k-1)}{3-1}=\boldsymbol{\frac{1}{2}(3^k-1)}$$

と表される。よって，求める和 S_n は

$$S_n=\sum_{k=1}^{n}\frac{1}{2}(3^k-1)$$
$$=\frac{1}{2}\left(\sum_{k=1}^{n}3\cdot 3^{k-1}-\sum_{k=1}^{n}1\right)$$
$$=\frac{1}{2}\left\{\frac{3\cdot(3^n-1)}{3-1}-n\right\}$$
$$=\frac{1}{2}\cdot\frac{3^{n+1}-3-2n}{2}$$
$$=\boldsymbol{\frac{1}{4}(3^{n+1}-2n-3)}$$

C

51 (1) 与えられた数列の第 k 項 a_k は

$$a_k=k\cdot(n+k)=nk+k^2$$

よって，求める数列の和 S_n は

$$S_n=\sum_{k=1}^{n}(nk+k^2)$$

$$=n\sum_{k=1}^{n}k+\sum_{k=1}^{n}k^2$$

⇦ n は定数とみて $\sum_{k=1}^{n}nk=n\sum_{k=1}^{n}k$

$$=n\cdot\frac{1}{2}n(n+1)+\frac{1}{6}n(n+1)(2n+1)$$

$$=\frac{1}{2}n^2(n+1)+\frac{1}{6}n(n+1)(2n+1)$$

⇦ $\frac{1}{2}=\frac{1}{6}\cdot3$ として共通因数 $\frac{1}{6}n(n+1)$ をくくり出す。

$$=\frac{1}{6}n(n+1)\{3n+(2n+1)\}$$

$$=\boldsymbol{\frac{1}{6}n(n+1)(5n+1)}$$

(2) 与えられた数列の第 k 項 a_k は

$$a_k=k^2\cdot\{n-(k-1)\}=(n+1)k^2-k^3$$

よって，求める数列の和 S_n は

$$S_n=\sum_{k=1}^{n}\{(n+1)k^2-k^3\}$$

$$=(n+1)\sum_{k=1}^{n}k^2-\sum_{k=1}^{n}k^3$$

⇦ $n+1$ は定数とみて $\sum_{k=1}^{n}(n+1)k^2=(n+1)\sum_{k=1}^{n}k^2$

$$=(n+1)\cdot\frac{1}{6}n(n+1)(2n+1)-\left\{\frac{1}{2}n(n+1)\right\}^2$$

$$=\frac{1}{6}n(n+1)^2(2n+1)-\frac{1}{4}n^2(n+1)^2$$

⇦ $\frac{1}{6}=\frac{1}{12}\cdot2$，$\frac{1}{4}=\frac{1}{12}\cdot3$ として共通因数 $\frac{1}{12}n(n+1)^2$ をくくり出す。

$$=\frac{1}{12}n(n+1)^2\{2(2n+1)-3n\}$$

$$=\boldsymbol{\frac{1}{12}n(n+1)^2(n+2)}$$

52 与えられた数列の一般項を a_n とすると

㊫ p.30 節末 3

$$a_n=3+30+300+\cdots\cdots+3\cdot10^{n-1}$$

$$=\frac{3\cdot(10^n-1)}{10-1}=\boldsymbol{\frac{1}{3}(10^n-1)}$$

⇦ a_n は，初項 3，公比 10，項数 n の等比数列の和で表されている。

よって　$S_n=\sum_{k=1}^{n}a_k=\sum_{k=1}^{n}\frac{1}{3}(10^k-1)$

$$=\frac{1}{3}\left(\sum_{k=1}^{n}10\cdot10^{k-1}-\sum_{k=1}^{n}1\right)$$

⇦ $\sum_{k=1}^{n}10^k$ は，初項 10，公比 10，項数 n の等比数列の和

$$=\frac{1}{3}\left\{\frac{10\cdot(10^n-1)}{10-1}-n\right\}$$

$$=\boldsymbol{\frac{1}{27}(10^{n+1}-9n-10)}$$

(別解)

$\{b_n\}$: 9, 99, 999, 9999, ……

とすると　$b_n = 10^n - 1$

$a_n = \frac{1}{3}b_n$ であるから

$$a_n = \frac{1}{3}(10^n - 1)$$

(以下, S_n は同様にして求める。)

⇦本編 p.014 例題 5 の結果を利用して a_n を求めてもよい。

2 階差数列

本編 p.015

A

53 与えられた数列を $\{a_n\}$, その階差数列を $\{b_n\}$ とする。

(1) $\{a_n\}$: 1, 2, 5, 10, 17, ……

$\{b_n\}$: 1, 3, 5, 7, ……

階差数列 $\{b_n\}$ は, 初項 1, 公差 2 の等差数列であるから

$b_n = 1 + (n-1)\cdot 2 = 2n - 1$

よって, $n \geqq 2$ のとき

$$\begin{aligned} a_n &= a_1 + \sum_{k=1}^{n-1} b_k \\ &= 1 + \sum_{k=1}^{n-1}(2k-1) \\ &= 1 + 2\sum_{k=1}^{n-1}k - \sum_{k=1}^{n-1}1 \\ &= 1 + 2\cdot\frac{1}{2}(n-1)\{(n-1)+1\} - (n-1)\cdot 1 \\ &= n^2 - 2n + 2 \end{aligned}$$

⟵ $n \geqq 2$ のときの式

$n=1$ のとき

$1^2 - 2\cdot 1 + 2 = 1 = a_1$ ⟵ $n=1$ のときを確認

となり, この式は $n=1$ のときも成り立つ。

ゆえに, 求める一般項は

$$\boldsymbol{a_n = n^2 - 2n + 2}$$

(2) $\{a_n\}$: 20, 18, 14, 8, ……

$\{b_n\}$: -2, -4, -6, ……

階差数列 $\{b_n\}$ は, 初項 -2, 公差 -2 の等差数列であるから

$b_n = -2 + (n-1)\cdot(-2) = -2n$

よって, $n \geqq 2$ のとき

$$\begin{aligned} a_n &= a_1 + \sum_{k=1}^{n-1} b_k \\ &= 20 + \sum_{k=1}^{n-1}(-2k) \\ &= 20 - 2\sum_{k=1}^{n-1}k \\ &= 20 - 2\cdot\frac{1}{2}(n-1)\{(n-1)+1\} \\ &= -n^2 + n + 20 \end{aligned}$$

⟵ $n \geqq 2$ のときの式

$n=1$ のとき

$-1^2 + 1 + 20 = 20 = a_1$ ⟵ $n=1$ のときを確認

となり, この式は $n=1$ のときも成り立つ。

ゆえに, 求める一般項は

$$\boldsymbol{a_n = -n^2 + n + 20}$$

B

54 与えられた数列を $\{a_n\}$，その階差数列を $\{b_n\}$ とする。

(1) $\{a_n\}: 0,\ \frac{1}{6},\ \frac{1}{2},\ 1,\ \frac{5}{3},\ \cdots\cdots$

$\{b_n\}: \frac{1}{6},\ \frac{1}{3},\ \frac{1}{2},\ \frac{2}{3},\ \cdots\cdots$

通分すると　$\{b_n\}: \frac{1}{6},\ \frac{2}{6},\ \frac{3}{6},\ \frac{4}{6},\ \cdots\cdots$

階差数列 $\{b_n\}$ は，初項 $\frac{1}{6}$，公差 $\frac{1}{6}$ の等差数列であるから

$$b_n=\frac{1}{6}+(n-1)\cdot\frac{1}{6}=\frac{1}{6}n$$

よって，$n\geqq 2$ のとき

$$\begin{aligned}a_n&=a_1+\sum_{k=1}^{n-1}b_k\\&=0+\sum_{k=1}^{n-1}\frac{1}{6}k\\&=\frac{1}{6}\sum_{k=1}^{n-1}k\\&=\frac{1}{6}\cdot\frac{1}{2}(n-1)\{(n-1)+1\}\\&=\frac{1}{12}n(n-1)\end{aligned}$$

← $n\geqq 2$ のときの式

$n=1$ のとき

$$\frac{1}{12}\cdot1\cdot(1-1)=0=a_1$$

← $n=1$ のときを確認

となり，この式は $n=1$ のときも成り立つ。

ゆえに，求める一般項は

$$\boldsymbol{a_n=\frac{1}{12}n(n-1)}$$

(2) $\{a_n\}: 1,\ 1,\ 2,\ 6,\ 15,\ \cdots\cdots$

$\{b_n\}: 0,\ 1,\ 4,\ 9,\ \cdots\cdots$

階差数列 $\{b_n\}$ の一般項は

$$b_n=(n-1)^2=n^2-2n+1$$

であるから，$n\geqq 2$ のとき

$$\begin{aligned}a_n&=a_1+\sum_{k=1}^{n-1}b_k\\&=1+\sum_{k=1}^{n-1}(k^2-2k+1)\\&=1+\sum_{k=1}^{n-1}k^2-2\sum_{k=1}^{n-1}k+\sum_{k=1}^{n-1}1\\&=1+\frac{1}{6}(n-1)\{(n-1)+1\}\{2(n-1)+1\}\\&\qquad-2\cdot\frac{1}{2}(n-1)\{(n-1)+1\}+(n-1)\\&=1+\frac{1}{6}n(n-1)(2n-1)-n(n-1)\\&\qquad+(n-1)\\&=\frac{1}{6}n(n-1)(2n-1)-n(n-1)+n\\&=\frac{1}{6}n\{(n-1)(2n-1)-6(n-1)+6\}\\&=\frac{1}{6}n(2n^2-9n+13)\end{aligned}$$

← $n\geqq 2$ のときの式

$n=1$ のとき

$$\frac{1}{6}\cdot1\cdot(2\cdot1^2-9\cdot1+13)=1=a_1$$

← $n=1$ のときを確認

となり，この式は $n=1$ のときも成り立つ。

よって，求める一般項は

$$\boldsymbol{a_n=\frac{1}{6}n(2n^2-9n+13)}$$

(参考)

$$\begin{aligned}a_n&=a_1+\sum_{k=1}^{n-1}b_k\\&=1+\sum_{k=1}^{n-1}(k-1)^2\\&=1+\sum_{i=0}^{n-2}i^2\\&=1+0^2+\sum_{i=1}^{n-2}i^2\\&=1+\frac{1}{6}(n-2)\{(n-2)+1\}\{2(n-2)+1\}\\&=1+\frac{1}{6}(n-2)(n-1)(2n-3)\\&=1+\frac{1}{6}(2n^3-9n^2+13n-6)\\&=\frac{1}{6}\{6+(2n^3-9n^2+13n-6)\}\\&=\frac{1}{6}n(2n^2-9n+13)\end{aligned}$$

$k-1=i$ とすると
$k=1,\ 2,\ \cdots,\ n-1$ のとき
$i=0,\ 1,\ \cdots,\ n-2$

と計算してもよい。

C

55 与えられた数列を $\{a_n\}$，$\{a_n\}$ の階差数列を $\{b_n\}$，$\{b_n\}$ の階差数列を $\{c_n\}$ とする。

⇦階差数列 $\{b_n\}$ の規則性が見つけづらいので，さらに数列 $\{b_n\}$ の階差数列を考える。

(1) $\{a_n\}$：1，3，6，12，23，41，……

$\{b_n\}$：　2，3，6，11，18，……

$\{c_n\}$：　　1，3，5，7，……

数列 $\{c_n\}$ の一般項は　$c_n=2n-1$

⇦$\{c_n\}$ は初項 1，公差 2 の等差数列

よって，$n\geqq 2$ のとき

$$b_n=b_1+\sum_{k=1}^{n-1}c_k=2+\sum_{k=1}^{n-1}(2k-1)$$
$$=2+2\sum_{k=1}^{n-1}k-\sum_{k=1}^{n-1}1$$
$$=2+2\cdot\frac{1}{2}(n-1)\{(n-1)+1\}-(n-1)$$
$$=2+n(n-1)-(n-1)$$
$$=n^2-2n+3$$

⇦$n\geqq 2$ のときの式

$n=1$ のとき

$$1^2-2\cdot1+3=2=b_1$$

⇦$n=1$ のときを確認

となり，この式は $n=1$ のときも成り立つ。

ゆえに　$b_n=n^2-2n+3$

⇦階差数列 $\{b_n\}$ の一般項

$n\geqq 2$ のとき

$$a_n=a_1+\sum_{k=1}^{n-1}b_k=1+\sum_{k=1}^{n-1}(k^2-2k+3)$$
$$=1+\sum_{k=1}^{n-1}k^2-2\sum_{k=1}^{n-1}k+\sum_{k=1}^{n-1}3$$
$$=1+\frac{1}{6}(n-1)\{(n-1)+1\}\{2(n-1)+1\}$$
$$-2\cdot\frac{1}{2}(n-1)\{(n-1)+1\}+3(n-1)$$
$$=1+\frac{1}{6}n(n-1)(2n-1)-n(n-1)+3(n-1)$$
$$=\frac{1}{6}\{6+n(n-1)(2n-1)-6n(n-1)+18(n-1)\}$$
$$=\frac{1}{6}(2n^3-9n^2+25n-12)$$

⇦$n\geqq 2$ のときの式

$n=1$ のとき

$$\frac{1}{6}\cdot(2\cdot1^3-9\cdot1^2+25\cdot1-12)=1=a_1$$

⇦$n=1$ のときを確認

となり，この式は $n=1$ のときも成り立つ。

したがって，求める一般項は

$$\boldsymbol{a_n=\frac{1}{6}(2n^3-9n^2+25n-12)}$$

⇦求める数列 $\{a_n\}$ の一般項

(2) $\{a_n\}$: 2, 5, 9, 15, 25, 43, ……

$\{b_n\}$: 3, 4, 6, 10, 18, ……

$\{c_n\}$: 1, 2, 4, 8, ……

数列 $\{c_n\}$ の一般項は　$c_n=2^{n-1}$

⇦ $\{c_n\}$ は，初項 1，公比 2 の等比数列

よって，$n\geqq2$ のとき

$$b_n=b_1+\sum_{k=1}^{n-1}c_k=3+\sum_{k=1}^{n-1}2^{k-1}$$

$$=3+\frac{2^{n-1}-1}{2-1}=2^{n-1}+2$$

⇦ $n\geqq2$ のときの式

$n=1$ のとき

$$2^{1-1}+2=3=b_1$$

⇦ $n=1$ のときを確認

となり，この式は $n=1$ のときも成り立つ。

ゆえに　$b_n=2^{n-1}+2$

⇦階差数列 $\{b_n\}$ の一般項

$n\geqq2$ のとき

$$a_n=a_1+\sum_{k=1}^{n-1}b_k=2+\sum_{k=1}^{n-1}(2^{k-1}+2)$$

$$=2+\sum_{k=1}^{n-1}2^{k-1}+\sum_{k=1}^{n-1}2$$

$$=2+\frac{2^{n-1}-1}{2-1}+2(n-1)$$

$$=2^{n-1}+2n-1$$

⇦ $n\geqq2$ のときの式

$n=1$ のとき

$$2^{1-1}+2\cdot1-1=2=a_1$$

⇦ $n=1$ のときを確認

となり，この式は $n=1$ のときも成り立つ。

したがって，求める一般項は　$\boldsymbol{a_n=2^{n-1}+2n-1}$

⇦求める数列 $\{a_n\}$ の一般項

3　数列の和と一般項

本編 p.016～019

A

56 求める一般項を a_n とおく。

(1) $n=1$ のとき　$a_1=S_1=1^2+3\cdot1=4$

$n\geqq2$ のとき

$$a_n=S_n-S_{n-1}$$

$$=(n^2+3n)-\{(n-1)^2+3(n-1)\}$$

$$=2n+2$$ ⟵ $n\geqq2$ のときの式

ここで，$a_n=2n+2$ は，$n=1$ のとき $2\cdot1+2=4$ となり，$a_1=4$ と一致するから，$n=1$ のときも成り立つ。⟵ $n=1$ のときを確認

よって　$\boldsymbol{a_n=2n+2}$

(2) $n=1$ のとき

$$a_1=S_1=1^2+3\cdot1-3=1$$

$n\geqq2$ のとき

$$a_n=S_n-S_{n-1}$$

$$=(n^2+3n-3)-\{(n-1)^2+3(n-1)-3\}$$

$$=2n+2$$ ⟵ $n\geqq2$ のときの式

ここで，$a_n=2n+2$ は，$n=1$ のとき $2\cdot1+2=4$ となり，$a_1=1$ と一致しないので，$n=1$ のときは成り立たない。⟵ $n=1$ のときを確認

よって　$a_1=1$, $a_n=2n+2$ ($n\geqq 2$)

$n\geqq 2$ のときの a_n の式が，$n=1$ のときに成り立たない場合，$n=1$ のとき (a_1) と $n\geqq 2$ のとき (a_n) を分けて答える。

(3) $n=1$ のとき　$a_1=S_1=2^1-1=1$

$n\geqq 2$ のとき

$$a_n=S_n-S_{n-1}$$
$$=(2^n-1)-(2^{n-1}-1)$$
$$=2^n-2^{n-1}=2\cdot 2^{n-1}-2^{n-1} \quad \leftarrow (2-1)\cdot 2^{n-1}$$
$$=2^{n-1} \quad \leftarrow n\geqq 2 \text{ のときの式}$$

ここで，$a_n=2^{n-1}$ は，$n=1$ のとき $2^{1-1}=1$ となり，$a_1=1$ と一致するから，$n=1$ のときも成り立つ。← $n=1$ のときを確認

よって　$a_n=2^{n-1}$

(4) $n=1$ のとき　$a_1=S_1=3^1+1=4$

$n\geqq 2$ のとき

$$a_n=S_n-S_{n-1}$$
$$=(3^n+1)-(3^{n-1}+1)$$
$$=3^n-3^{n-1}=3\cdot 3^{n-1}-3^{n-1} \quad \leftarrow (3-1)\cdot 3^{n-1}$$
$$=2\cdot 3^{n-1} \quad \leftarrow n\geqq 2 \text{ のときの式}$$

ここで，$a_n=2\cdot 3^{n-1}$ は，$n=1$ のとき $2\cdot 3^{1-1}=2$ となり，$a_1=4$ と一致しないので，$n=1$ のときは成り立たない。← $n=1$ のときを確認

よって　$a_1=4$, $a_n=2\cdot 3^{n-1}$ ($n\geqq 2$)

57 (1) $\dfrac{1}{(k+1)(k+2)}=\dfrac{(k+2)-(k+1)}{(k+1)(k+2)}$

$$=\frac{k+2}{(k+1)(k+2)}-\frac{k+1}{(k+1)(k+2)}$$
$$=\frac{1}{k+1}-\frac{1}{k+2}$$

が成り立つから

$$S=\left(\frac{1}{2}-\frac{1}{3}\right)+\left(\frac{1}{3}-\frac{1}{4}\right)+\left(\frac{1}{4}-\frac{1}{5}\right)+\cdots$$
$$\cdots+\left(\frac{1}{n+1}-\frac{1}{n+2}\right)$$
$$=\frac{1}{2}-\frac{1}{n+2}=\frac{(n+2)-2}{2(n+2)}$$
$$=\boldsymbol{\frac{n}{2(n+2)}}$$

(2) $\dfrac{1}{(4k-1)(4k+3)}$

$$=\frac{1}{4}\cdot\frac{(4k+3)-(4k-1)}{(4k-1)(4k+3)}$$
$$=\frac{1}{4}\left\{\frac{4k+3}{(4k-1)(4k+3)}-\frac{4k-1}{(4k-1)(4k+3)}\right\}$$
$$=\frac{1}{4}\left(\frac{1}{4k-1}-\frac{1}{4k+3}\right)$$

が成り立つから

$$S=\frac{1}{4}\left\{\left(\frac{1}{3}-\frac{1}{7}\right)+\left(\frac{1}{7}-\frac{1}{11}\right)+\left(\frac{1}{11}-\frac{1}{15}\right)+\cdots\right.$$
$$\left.\cdots+\left(\frac{1}{4n-1}-\frac{1}{4n+3}\right)\right\}$$
$$=\frac{1}{4}\left(\frac{1}{3}-\frac{1}{4n+3}\right)=\frac{1}{4}\cdot\frac{(4n+3)-3}{3(4n+3)}$$
$$=\frac{4n}{4\cdot 3(4n+3)}$$
$$=\boldsymbol{\frac{n}{3(4n+3)}}$$

(3) $\dfrac{1}{(2k-1)(2k+1)}$

$$=\frac{1}{2}\cdot\frac{(2k+1)-(2k-1)}{(2k-1)(2k+1)}$$
$$=\frac{1}{2}\left\{\frac{2k+1}{(2k-1)(2k+1)}-\frac{2k-1}{(2k-1)(2k+1)}\right\}$$
$$=\frac{1}{2}\left(\frac{1}{2k-1}-\frac{1}{2k+1}\right)$$

が成り立つから，

$$S=\frac{1}{2}\left\{\left(\frac{1}{1}-\frac{1}{3}\right)+\left(\frac{1}{3}-\frac{1}{5}\right)+\left(\frac{1}{5}-\frac{1}{7}\right)+\cdots\right.$$
$$\left.\cdots+\left(\frac{1}{2n-1}-\frac{1}{2n+1}\right)\right\}$$
$$=\frac{1}{2}\left(1-\frac{1}{2n+1}\right)=\frac{1}{2}\cdot\frac{(2n+1)-1}{2n+1}$$
$$=\frac{2n}{2\cdot(2n+1)}=\boldsymbol{\frac{n}{2n+1}}$$

B

58 (1) $S=1\cdot1+2\cdot3+3\cdot3^2+\cdots\cdots+n\cdot3^{n-1}$

$3S=\quad 1\cdot3+2\cdot3^2+\cdots\cdots+(n-1)\cdot3^{n-1}+n\cdot3^n$

辺々の差をとると

$-2S=\underbrace{1\cdot1+1\cdot3+1\cdot3^2+\cdots\cdots+1\cdot3^{n-1}}_{\text{初項1, 公比3, 項数}n\text{の等比数列の和}}-n\cdot3^n$

$=\dfrac{1\cdot(3^n-1)}{3-1}-n\cdot3^n=\dfrac{3^n-1-2n\cdot3^n}{2}$

$=\dfrac{-(2n-1)\cdot3^n-1}{2}$

よって　$\boldsymbol{S=\dfrac{(2n-1)\cdot3^n+1}{4}}$

(2) $S=1\cdot1+2\cdot\dfrac{1}{2}+3\cdot\dfrac{1}{2^2}+\cdots\cdots+n\cdot\dfrac{1}{2^{n-1}}$

$\dfrac{1}{2}S=\quad 1\cdot\dfrac{1}{2}+2\cdot\dfrac{1}{2^2}+\cdots\cdots+(n-1)\cdot\dfrac{1}{2^{n-1}}+n\cdot\dfrac{1}{2^n}$

辺々の差をとると

$\dfrac{1}{2}S=\underbrace{1\cdot1+1\cdot\dfrac{1}{2}+1\cdot\dfrac{1}{2^2}+\cdots+1\cdot\dfrac{1}{2^{n-1}}}_{\text{初項1, 公比}\frac{1}{2}\text{, 項数}n\text{の等比数列の和}}-n\cdot\dfrac{1}{2^n}$

$=\dfrac{1\cdot\left\{1-\left(\dfrac{1}{2}\right)^n\right\}}{1-\dfrac{1}{2}}-n\cdot\dfrac{1}{2^n}$

$=2\left(1-\dfrac{1}{2^n}\right)-\dfrac{n}{2^n}=2-\dfrac{n+2}{2^n}$

よって　$\boldsymbol{S=4-\dfrac{n+2}{2^{n-1}}\left(=\dfrac{2^{n+1}-n-2}{2^{n-1}}\right)}$

59 (1) 数列 $\{a_n\}$ は，初項1，公差3の等差数列であるから

$\boldsymbol{a_n}=1+(n-1)\cdot3=\boldsymbol{3n-2}$

(2) 第 l 群には l 個の項が含まれているから，$k\geqq2$ のとき，第1群から第 $(k-1)$ 群の末項までの項数は

$\underline{1+2+3+\cdots\cdots+(k-1)}=\dfrac{1}{2}(k-1)k$

初項1，公差1，項数 $k-1$ の等差数列の和

よって，第 k 群の最初の項は，数列 $\{a_n\}$ の第 $\boldsymbol{\left(\dfrac{1}{2}k^2-\dfrac{1}{2}k+1\right)}$ **項**である。

第1群の最初の項は，数列 $\{a_n\}$ の初項であるから，これは $k=1$ のときも成り立つ。

(3) $\dfrac{1}{2}k^2-\dfrac{1}{2}k+1=\dfrac{1}{2}(k^2-k+2)$

であるから，第 k 群の最初の項は

$a_{\frac{1}{2}(k^2-k+2)}=3\cdot\dfrac{1}{2}(k^2-k+2)-2$　（$a_n=3n-2$）

$=\dfrac{1}{2}\{3(k^2-k+2)-4\}$

$=\boldsymbol{\dfrac{1}{2}(3k^2-3k+2)}$

(4) 第 k 群に含まれる項は，

初項 $\dfrac{1}{2}(3k^2-3k+2)$，公差3，項数 k の等差数列であるから，その和は

$\dfrac{1}{2}k\left\{2\cdot\dfrac{1}{2}(3k^2-3k+2)+(k-1)\cdot3\right\}$

$=\boldsymbol{\dfrac{1}{2}k(3k^2-1)}$

60 (1) $\displaystyle\sum_{k=1}^{10}\left\{\frac{1}{k^2}-\frac{1}{(k+1)^2}\right\}$ ← 具体的に和の形で書き表してみる。

$=\left(\dfrac{1}{1^2}-\dfrac{1}{2^2}\right)+\left(\dfrac{1}{2^2}-\dfrac{1}{3^2}\right)+\left(\dfrac{1}{3^2}-\dfrac{1}{4^2}\right)+\cdots$

$\cdots+\left(\dfrac{1}{10^2}-\dfrac{1}{11^2}\right)$

$=\dfrac{1}{1^2}-\dfrac{1}{11^2}$

$=1-\dfrac{1}{121}=\boldsymbol{\dfrac{120}{121}}$

(2) $\displaystyle\sum_{k=1}^{80}(\sqrt{k+1}-\sqrt{k})$ ← 具体的に和の形で書き表してみる。

$=(\sqrt{2}-\sqrt{1})+(\sqrt{3}-\sqrt{2})+(\sqrt{4}-\sqrt{3})+\cdots$

$\cdots+(\sqrt{81}-\sqrt{80})$

$=-\sqrt{1}+\sqrt{81}$

$=-1+9=\boldsymbol{8}$

61 (1) $\dfrac{3}{9k^2+3k-2}=\dfrac{3}{(3k-1)(3k+2)}$

$=\dfrac{(3k+2)-(3k-1)}{(3k-1)(3k+2)}$

$=\dfrac{3k+2}{(3k-1)(3k+2)}-\dfrac{3k-1}{(3k-1)(3k+2)}$

$=\dfrac{1}{3k-1}-\dfrac{1}{3k+2}$

であるから

$\displaystyle\sum_{k=1}^{n}\frac{3}{9k^2+3k-2}=\sum_{k=1}^{n}\left(\frac{1}{3k-1}-\frac{1}{3k+2}\right)$

$=\left(\dfrac{1}{2}-\dfrac{1}{5}\right)+\left(\dfrac{1}{5}-\dfrac{1}{8}\right)+\left(\dfrac{1}{8}-\dfrac{1}{11}\right)+\cdots$

$\cdots+\left(\dfrac{1}{3n-1}-\dfrac{1}{3n+2}\right)$

$=\dfrac{1}{2}-\dfrac{1}{3n+2}$

$=\dfrac{(3n+2)-2}{2(3n+2)}=\boldsymbol{\dfrac{3n}{2(3n+2)}}$

(2) $\dfrac{1}{\sqrt{4k-2}+\sqrt{4k+2}}$

$=\dfrac{\sqrt{4k+2}-\sqrt{4k-2}}{(\sqrt{4k+2}+\sqrt{4k-2})(\sqrt{4k+2}-\sqrt{4k-2})}$

$=\dfrac{\sqrt{4k+2}-\sqrt{4k-2}}{(\sqrt{4k+2})^2-(\sqrt{4k-2})^2}$

$=\dfrac{\sqrt{4k+2}-\sqrt{4k-2}}{(4k+2)-(4k-2)}$

$=\dfrac{1}{4}(\sqrt{4k+2}-\sqrt{4k-2})$

であるから

$\displaystyle\sum_{k=1}^{n}\frac{1}{\sqrt{4k-2}+\sqrt{4k+2}}$

$\displaystyle=\sum_{k=1}^{n}\frac{1}{4}(\sqrt{4k+2}-\sqrt{4k-2})$

$=\dfrac{1}{4}\{(\sqrt{6}-\sqrt{2})+(\sqrt{10}-\sqrt{6})$

$+(\sqrt{14}-\sqrt{10})+\cdots$

$\cdots+(\sqrt{4n+2}-\sqrt{4n-2})\}$

$=\dfrac{1}{4}(-\sqrt{2}+\sqrt{4n+2})=\boldsymbol{\dfrac{1}{4}(\sqrt{4n+2}-\sqrt{2})}$

(3) $\dfrac{1}{(2k)^2-1}=\dfrac{1}{(2k-1)(2k+1)}$

$=\dfrac{1}{2}\cdot\dfrac{(2k+1)-(2k-1)}{(2k-1)(2k+1)}$

$=\dfrac{1}{2}\left(\dfrac{1}{2k-1}-\dfrac{1}{2k+1}\right)$

であるから

$\dfrac{1}{2^2-1}+\dfrac{1}{4^2-1}+\dfrac{1}{6^2-1}+\cdots\cdots+\dfrac{1}{(2n)^2-1}$

$=\dfrac{1}{2}\left\{\left(1-\dfrac{1}{3}\right)+\left(\dfrac{1}{3}-\dfrac{1}{5}\right)+\left(\dfrac{1}{5}-\dfrac{1}{7}\right)+\cdots\right.$

$\left.\cdots+\left(\dfrac{1}{2n-1}-\dfrac{1}{2n+1}\right)\right\}$

$=\dfrac{1}{2}\left(1-\dfrac{1}{2n+1}\right)$

$=\dfrac{1}{2}\cdot\dfrac{(2n+1)-1}{2n+1}=\boldsymbol{\dfrac{n}{2n+1}}$

(4) $\dfrac{1}{k(k+2)}=\dfrac{1}{2}\cdot\dfrac{(k+2)-k}{k(k+2)}$

$=\dfrac{1}{2}\left\{\dfrac{k+2}{k(k+2)}-\dfrac{k}{k(k+2)}\right\}$

$=\dfrac{1}{2}\left(\dfrac{1}{k}-\dfrac{1}{k+2}\right)$

であるから

$S=\dfrac{1}{2}\left\{\left(\dfrac{1}{1}-\dfrac{1}{3}\right)+\left(\dfrac{1}{2}-\dfrac{1}{4}\right)+\left(\dfrac{1}{3}-\dfrac{1}{5}\right)+\cdots\right.$

$\left.\cdots+\left(\dfrac{1}{n-1}-\dfrac{1}{n+1}\right)+\left(\dfrac{1}{n}-\dfrac{1}{n+2}\right)\right\}$

$=\dfrac{1}{2}\left(\dfrac{1}{1}+\dfrac{1}{2}-\dfrac{1}{n+1}-\dfrac{1}{n+2}\right)$ ← 先頭の2項と末尾の2項が残る。

$=\dfrac{1}{2}\left\{\dfrac{3}{2}-\dfrac{2n+3}{(n+1)(n+2)}\right\}$

$=\dfrac{1}{2}\cdot\dfrac{3(n+1)(n+2)-2(2n+3)}{2(n+1)(n+2)}$

$=\dfrac{3n^2+5n}{2\cdot2(n+1)(n+2)}$

$=\boldsymbol{\dfrac{n(3n+5)}{4(n+1)(n+2)}}$

62 (1) 等式の両辺に $k(k+1)(k+2)$ を掛けると

$$(k+2)-k=A$$

よって　$\boldsymbol{A=2}$

(2) (1)の結果から

$$\sum_{k=1}^{n}\frac{1}{k(k+1)(k+2)}$$

$$=\frac{1}{2}\sum_{k=1}^{n}\left\{\frac{1}{k(k+1)}-\frac{1}{(k+1)(k+2)}\right\}$$

$$=\frac{1}{2}\left\{\left(\frac{1}{1\cdot 2}-\frac{1}{2\cdot 3}\right)+\left(\frac{1}{2\cdot 3}-\frac{1}{3\cdot 4}\right)+\cdots\right.$$

$$\left.\cdots+\left(\frac{1}{n(n+1)}-\frac{1}{(n+1)(n+2)}\right)\right\}$$

$$=\frac{1}{2}\left\{\frac{1}{2}-\frac{1}{(n+1)(n+2)}\right\}$$

$$=\frac{1}{2}\cdot\frac{(n+1)(n+2)-2}{2(n+1)(n+2)}$$

$$=\boldsymbol{\frac{n(n+3)}{4(n+1)(n+2)}}$$

C

63 (1)　$S=2+4x+6x^2+\cdots\cdots+\qquad 2nx^{n-1}$

$xS=\qquad 2x+4x^2+\cdots\cdots+2(n-1)x^{n-1}+2nx^n$

辺々の差をとると

$$(1-x)S=\underbrace{2+2x+2x^2+\cdots\cdots+2x^{n-1}}_{\text{初項 }2,\ \text{公比 }x,\ \text{項数 }n\text{ の等比数列の和}}-2nx^n$$

⇦等比数列の公比が 1 かどうか（辺々の差をとったときの S の係数が 0 かどうか）で場合分けが必要

$x\neq 1$ のとき

$$(1-x)S=\frac{2\cdot(1-x^n)}{1-x}-2nx^n$$

$$=\frac{2(1-x^n)-2nx^n(1-x)}{1-x}$$

$$=\frac{2(1-x^n-nx^n+nx^{n+1})}{1-x}$$

$$=\frac{2\{1-(n+1)x^n+nx^{n+1}\}}{1-x}$$

よって　$S=\dfrac{2\{1-(n+1)x^n+nx^{n+1}\}}{(1-x)^2}$

$x=1$ のとき

$$S=2+4+6+\cdots\cdots+2n$$

$$=\frac{1}{2}n(2+2n)=n(n+1)$$

⇦初項 2，公差 2，項数 n の等差数列の和

ゆえに，**$\boldsymbol{x\neq 1}$ のとき　$\boldsymbol{S=\dfrac{2\{1-(n+1)x^n+nx^{n+1}\}}{(1-x)^2}}$**

$\boldsymbol{x=1}$ のとき　$\boldsymbol{S=n(n+1)}$

(2)　$S=1+3x+5x^2+\cdots\cdots+(2n-1)x^{n-1}$

$xS=\qquad x+3x^2+\cdots\cdots+(2n-3)x^{n-1}+(2n-1)x^n$

辺々の差をとると

$$(1-x)S=1+\underbrace{2x+2x^2+\cdots\cdots+2x^{n-1}}_{}-(2n-1)x^n$$

初項 $2x$，公比 x，項数 $n-1$ の等比数列の和
（第 1 項の「1」を含めていないことに注意）

⇦等比数列の公比が 1 かどうか（辺々の差をとったときの S の係数が 0 かどうか）で場合分けが必要。

$x \neq 1$ のとき

$$(1-x)S=1+\frac{2x(1-x^{n-1})}{1-x}-(2n-1)x^n$$
$$=\frac{1-x+2x(1-x^{n-1})-(2n-1)(1-x)x^n}{1-x}$$
$$=\frac{1-x+2x-2x^n-(2n-1)x^n+(2n-1)x^{n+1}}{1-x}$$
$$=\frac{1+x-\{2+(2n-1)\}x^n+(2n-1)x^{n+1}}{1-x}$$
$$=\frac{1+x-(2n+1)x^n+(2n-1)x^{n+1}}{1-x}$$

よって　$S=\dfrac{1+x-(2n+1)x^n+(2n-1)x^{n+1}}{(1-x)^2}$

$x=1$ のとき

$$S=1+3+5+7+\cdots\cdots+(2n-1)=\frac{1}{2}n\{1+(2n-1)\}=n^2$$

⇦初項 1，公差 2，項数 n の等差数列の和

ゆえに，**$x \neq 1$ のとき　$S=\dfrac{1+x-(2n+1)x^n+(2n-1)x^{n+1}}{(1-x)^2}$**

$x=1$ のとき　$S=n^2$

64 (1)　$\dfrac{1}{2} \,\Big|\, \dfrac{1}{3}, \dfrac{2}{3} \,\Big|\, \dfrac{1}{4}, \dfrac{2}{4}, \dfrac{3}{4} \,\Big|\, \dfrac{1}{5}, \dfrac{2}{5}, \dfrac{3}{5}, \cdots\cdots$

(教 p.42 章末B 8)

のように，分母が等しい分数で群に分けると，第 n 群には $(n+1)$ を分母とする n 個の項が含まれる。

$\dfrac{13}{21}$ は第 20 群の 13 番目の項であるから

$$(1+2+3+\cdots\cdots+19)+13=\frac{1}{2}\cdot 19\cdot(1+19)+13=203$$

⇦第 1 群から第 19 群の末項までの項数は
$1+2+3+\cdots\cdots+19$

よって，$\dfrac{13}{21}$ はこの数列の**第 203 項**

(2)　第 k 群に含まれる項の和は

⇦まず，各群の中で和を考える。

$$\frac{1}{k+1}+\frac{2}{k+1}+\frac{3}{k+1}+\cdots\cdots+\frac{k}{k+1}$$
$$=\frac{1}{k+1}(1+2+3+\cdots\cdots+k)=\frac{1}{k+1}\cdot\frac{1}{2}k(1+k)=\frac{k}{2}$$

また，第 20 群の初項から 13 番目の項までの和は

$$\frac{1}{21}+\frac{2}{21}+\frac{3}{21}+\cdots\cdots+\frac{13}{21}$$
$$=\frac{1}{21}\cdot(1+2+3+\cdots\cdots+13)$$
$$=\frac{1}{21}\cdot\frac{1}{2}\cdot 13\cdot(1+13)=\frac{13}{3}$$

よって，求める和を S とすると

$$S=\sum_{k=1}^{19}\frac{k}{2}+\frac{13}{3}=\frac{1}{2}\sum_{k=1}^{19}k+\frac{13}{3}$$

$$=\frac{1}{2}\cdot\frac{1}{2}\cdot19\cdot(19+1)+\frac{13}{3}=\frac{298}{3}$$

⇐第 1 群から第 19 群の末項まで
の総和は　$\sum_{k=1}^{19}\frac{k}{2}$

(教) p.30 節末 7

65 与えられた数列を次のように 1 個，2 個，3 個，……の群に分ける。

$$\underset{\text{第1群}}{1}\ |\ \underset{\text{第2群}}{2,\ 2}\ |\ \underset{\text{第3群}}{3,\ 3,\ 3}\ |\ \underset{\text{第4群}}{4,\ 4,\ 4,\ 4}\ |\ 5,\ \cdots\cdots$$

⇐第 n 群には，n 個の項が含まれる。

(1) 20 が初めて現れるのは，第 20 群の最初の項である。

第 1 群から第 19 群の末項までの項数は

$$1+2+3+\cdots\cdots+19=\frac{1}{2}\cdot19\cdot(1+19)=190$$

よって，20 が初めて現れるのは，この数列の**第 191 項**である。

⇐第 20 群の最初の項は，
第 19 群の末項の次の項。

(2) 第 100 項が第 l 群の m 番目の項であるとすると

$$\sum_{k=1}^{l-1}k<100\leqq\sum_{k=1}^{l}k$$

より　$\frac{1}{2}l(l-1)<100\leqq\frac{1}{2}l(l+1)$

すなわち　$l(l-1)<200\leqq l(l+1)$

ここで，$14\cdot13=182$，$14\cdot15=210$

であるから，この不等式を満たす自然数 l は　$l=14$

よって，第 100 項は第 14 群に含まれる。

第 1 群から第 13 群の末項までの項数は

$$1+2+3+\cdots\cdots+13=\frac{1}{2}\cdot13\cdot(1+13)=91$$

ゆえに，$m=100-91=9$ より，

第 100 項は第 14 群の 9 番目の項である。

⇐$\sum_{k=1}^{l-1}k$ は第 1 群から第 $(l-1)$ 群の末項までの項数

　$\sum_{k=1}^{l}k$ は第 1 群から第 l 群の末項までの項数

⇐200 に近い平方数 $14^2=196$ をもとに考えると探しやすい。

$$\underset{\text{第1群}}{1}\ |\ \underset{\text{第2群}}{2,\ 2}\ |\cdots\cdots|\ \underset{\text{第13群}}{13,\ 13,\ \cdots\cdots,\ 13}\ |\ \underbrace{14,\ 14,\ \cdots,\ 14,}_{9\text{個}}\ \cdots$$

$\overset{a_{91}}{\downarrow}$　$\overset{a_{100}}{\downarrow}$

第 k 群には k 個の k が含まれるから，
その和は　$k\cdot k=k^2$

したがって，初項から第 100 項までの和は

$$\sum_{k=1}^{13}k^2+14\cdot9=\frac{1}{6}\cdot13\cdot(13+1)\cdot(2\cdot13+1)+14\cdot9$$

$$=\frac{1}{6}\cdot13\cdot14\cdot27+14\cdot9$$

$$=945$$

⇐第 k 群に含まれる項の和は k^2

3節 漸化式と数学的帰納法

1 漸化式

本編 p.020〜021

A

66 (1) $\boldsymbol{a_1=1}$ 　 $a_{n+1}=2a_n-1$ に

$\boldsymbol{a_2}=2a_1-1=2\cdot1-1=\boldsymbol{1}$ 　 $n=1$ を代入

$\boldsymbol{a_3}=2a_2-1=2\cdot1-1=\boldsymbol{1}$ 　 $n=2$ を代入

$\boldsymbol{a_4}=2a_3-1=2\cdot1-1=\boldsymbol{1}$ 　 $n=3$ を代入

$\boldsymbol{a_5}=2a_4-1=2\cdot1-1=\boldsymbol{1}$ 　 $n=4$ を代入

(2) $\boldsymbol{a_1=1}$ 　 $a_{n+1}=a_n{}^2+n$ に

$\boldsymbol{a_2}=a_1{}^2+1=1^2+1=\boldsymbol{2}$ 　 $n=1$ を代入

$\boldsymbol{a_3}=a_2{}^2+2=2^2+2=\boldsymbol{6}$ 　 $n=2$ を代入

$\boldsymbol{a_4}=a_3{}^2+3=6^2+3=\boldsymbol{39}$ 　 $n=3$ を代入

$\boldsymbol{a_5}=a_4{}^2+4=39^2+4=\boldsymbol{1525}$ 　 $n=4$ を代入

67 (1) $a_1=2,\ a_{n+1}=a_n+5$ で定められる数列 $\{a_n\}$ は初項 2，公差 5 の等差数列であるから

$\boldsymbol{a_n}=2+(n-1)\cdot5=\boldsymbol{5n-3}$

(2) $a_1=1,\ a_{n+1}=7a_n$ で定められる数列 $\{a_n\}$ は初項 1，公比 7 の等比数列であるから

$\boldsymbol{a_n}=1\cdot7^{n-1}=\boldsymbol{7^{n-1}}$

68 (1) 漸化式は $a_{n+1}-a_n=4n$ と変形できるので，数列 $\{a_n\}$ の階差数列を $\{b_n\}$ とすると

$b_n=a_{n+1}-a_n=4n$

よって，$n\geqq2$ のとき

$a_n=a_1+\sum_{k=1}^{n-1}b_k$

$=1+\sum_{k=1}^{n-1}4k$ 　（$a_1=1$）

$=1+4\cdot\frac{1}{2}n(n-1)$

$=2n^2-2n+1$ ← $n\geqq2$ のときの式

この式は，$n=1$ のときも成り立つ。

ゆえに　$\boldsymbol{a_n=2n^2-2n+1}$

$2\cdot1^2-2\cdot1+1=1=a_1$

(2) 漸化式は $a_{n+1}-a_n=2^{n-1}$ と変形できるので，数列 $\{a_n\}$ の階差数列を $\{b_n\}$ とすると

$b_n=a_{n+1}-a_n=2^{n-1}$

よって，$n\geqq2$ のとき

$a_n=a_1+\sum_{k=1}^{n-1}b_k$

$=2+\sum_{k=1}^{n-1}2^{k-1}$ 　（$a_1=2$）

$=2+\frac{1\cdot(2^{n-1}-1)}{2-1}$

$=2+2^{n-1}-1=2^{n-1}+1$ ← $n\geqq2$ のときの式

この式は，$n=1$ のときも成り立つ。

ゆえに　$\boldsymbol{a_n=2^{n-1}+1}$

$2^{1-1}+1=2=a_1$

69 (1) 漸化式 $a_{n+1}=3a_n+2$ を変形すると

$a_{n+1}+1=3(a_n+1)$ ← $\alpha=3\alpha+2$ より $\alpha=-1$

ここで，$b_n=a_n+1$ とおくと

$b_{n+1}=3b_n$,

$b_1=a_1+1=2+1=3$

よって，数列 $\{b_n\}$ は初項 3，公比 3 の等比数列であるから

$b_n=3\cdot3^{n-1}=3^n$

ゆえに　$\boldsymbol{a_n}=b_n-1=\boldsymbol{3^n-1}$ 　（$b_n=a_n+1$）

(2) 漸化式 $a_{n+1}=-2a_n+6$ を変形すると

$a_{n+1}-2=-2(a_n-2)$ ← $\alpha=-2\alpha+6$ より $\alpha=2$

ここで，$b_n=a_n-2$ とおくと

$b_{n+1}=-2b_n$,

$b_1=a_1-2=3-2=1$

よって，数列 $\{b_n\}$ は初項 1，公比 -2 の等比数列であるから

$b_n=1\cdot(-2)^{n-1}=(-2)^{n-1}$

ゆえに　$\boldsymbol{a_n}=b_n+2=\boldsymbol{(-2)^{n-1}+2}$

（$b_n=a_n-2$）

B

70 (1) 1辺の長さが n の正三角形にタイルを追加して，1辺の長さが $(n+1)$ の正三角形を作るには，タイルを $(2n+1)$ 枚追加すればよいから

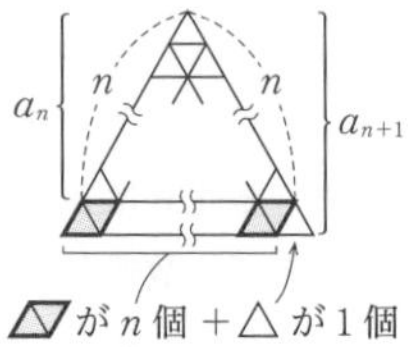

$$\boldsymbol{a_{n+1}=a_n+2n+1}$$

(2) (1)の結果から　$a_{n+1}-a_n=2n+1$，$a_1=1$

したがって，$n \geqq 2$ のとき

$$a_n=a_1+\sum_{k=1}^{n-1}(2k+1)$$

$$=1+2\cdot\frac{1}{2}n(n-1)+(n-1)=n^2$$

← $n \geqq 2$ のときの式

この式は $n=1$ のときも成り立つ。 ← $1^2=1=a_1$

よって　$\boldsymbol{a_n=n^2}$

71 漸化式は $a_{n+1}-a_n=\dfrac{1}{n(n+1)}$ と変形できるので，数列 $\{a_n\}$ の階差数列を $\{b_n\}$ とすると

$$b_n=a_{n+1}-a_n=\frac{1}{n(n+1)}$$

$$=\frac{1}{n}-\frac{1}{n+1}$$

よって，$n \geqq 2$ のとき

$$a_n=a_1+\sum_{k=1}^{n-1}b_k=1+\sum_{k=1}^{n-1}\left(\frac{1}{k}-\frac{1}{k+1}\right)$$

$$=1+\left(\frac{1}{1}-\frac{1}{2}\right)+\left(\frac{1}{2}-\frac{1}{3}\right)+\left(\frac{1}{3}-\frac{1}{4}\right)+$$

$$\cdots\cdots+\left(\frac{1}{n-1}-\frac{1}{n}\right)$$

$$=1+1-\frac{1}{n}=2-\frac{1}{n}$$ ← $n \geqq 2$ のときの式

この式は $n=1$ のときも成り立つ。 ← $2-\dfrac{1}{1}=1=a_1$

ゆえに　$\boldsymbol{a_n=2-\dfrac{1}{n}}$

C

72 (1) $a_1>0$ であり，漸化式よりすべての自然数 n に対して $a_n>0$ である。

よって，両辺の逆数をとることができ，

$$\frac{1}{a_{n+1}}=\frac{a_n+2}{2a_n}=\frac{1}{a_n}+\frac{1}{2}$$

ここで，$b_n=\dfrac{1}{a_n}$ とおくと， → $\dfrac{1}{a_{n+1}}=b_{n+1}$

$$b_{n+1}=b_n+\frac{1}{2},\quad b_1=\frac{1}{a_1}=\frac{1}{1}=1$$

ゆえに，数列 $\{b_n\}$ は，初項 1，公差 $\dfrac{1}{2}$ の等差数列であるから

$$b_n=1+(n-1)\cdot\frac{1}{2}=\frac{n+1}{2}$$

したがって　$\boldsymbol{a_n=\dfrac{1}{b_n}=\dfrac{2}{n+1}}$

(2) $a_1>0$ であり，漸化式よりすべての自然数 n に対して $a_n>0$ である。

よって，両辺の逆数をとって

㊎ p.41 章末A 5

⇦ $a_n \neq 0$（分母が0にならない）を確認する。

⇦ $\dfrac{a_n+2}{2a_n}=\dfrac{a_n}{2a_n}+\dfrac{2}{2a_n}=\dfrac{1}{2}+\dfrac{1}{a_n}$

⇦等差数列を表す漸化式

⇦ $a_n=\dfrac{1}{b_n}$ より，a_n を求めることを忘れないこと。

⇦ $a_n \neq 0$（分母が0にならない）を確認する。

$$\frac{1}{a_{n+1}}=\frac{4a_n+3}{2a_n}=2+\frac{3}{2}\cdot\frac{1}{a_n}$$

ここで，$b_n=\dfrac{1}{a_n}$ とおくと，

$$b_{n+1}=\frac{3}{2}b_n+2 \quad \cdots\cdots①,\quad b_1=\frac{1}{a_1}=\frac{1}{1}=1$$

①を変形して　$b_{n+1}+4=\dfrac{3}{2}(b_n+4)$

⇦ $\alpha=\dfrac{3}{2}\alpha+2$ より　$\alpha=-4$

ゆえに，数列 $\{b_n+4\}$ は，初項 $b_1+4=5$，公比 $\dfrac{3}{2}$ の等比数列であるから

⇦ $c_n=b_n+4$ とおくと，$c_{n+1}=\dfrac{3}{2}c_n$ より，$\{c_n\}$ は初項 $c_1=b_1+4=5$，公比 $\dfrac{3}{2}$ の等比数列となる。

$$b_n+4=(b_1+4)\cdot\left(\frac{3}{2}\right)^{n-1}=(1+4)\cdot\left(\frac{3}{2}\right)^{n}=5\cdot\left(\frac{3}{2}\right)^{n-1}$$

すなわち　$b_n=5\left(\dfrac{3}{2}\right)^{n-1}-4$

$4\cdot2^{n-1}=2^2\cdot2^{n-1}=2^{2+n-1}=2^{n+1}$

$$=\frac{5\cdot3^{n-1}-4\cdot2^{n-1}}{2^{n-1}}=\frac{5\cdot3^{n-1}-2^{n+1}}{2^{n-1}}$$

したがって　$\boldsymbol{a_n=\dfrac{1}{b_n}=\dfrac{2^{n-1}}{5\cdot3^{n-1}-2^{n+1}}}$

73 (1)　条件より

$$c_{n+1}=a_{n+1}+b_{n+1}=(4a_n+b_n)+(a_n+4b_n)$$
$$=5a_n+5b_n=5(a_n+b_n)=5c_n$$

⇦ $c_{n+1}=5c_n$

$$c_1=a_1+b_1=1+4=5$$

⇦数列 $\{c_n\}$ の初項は $c_1=a_1+b_1$

よって，数列 $\{c_n\}$ は，初項 5，公比 5 の等比数列であるから

$$\boldsymbol{c_n}=5\cdot5^{n-1}=\boldsymbol{5^n}$$

また

$$d_{n+1}=a_{n+1}-b_{n+1}=(4a_n+b_n)-(a_n+4b_n)$$
$$=3a_n-3b_n=3(a_n-b_n)=3d_n$$

⇦ $d_{n+1}=3d_n$

$$d_1=a_1-b_1=1-4=-3$$

⇦数列 $\{d_n\}$ の初項は $d_1=a_1-b_1$

よって，数列 $\{d_n\}$ は，初項 -3，公比 3 の等比数列であるから

$$\boldsymbol{d_n}=-3\cdot3^{n-1}=\boldsymbol{-3^n}$$

(2)　(1)より

$$a_n+b_n=5^n \quad \cdots\cdots①,\qquad a_n-b_n=-3^n \quad \cdots\cdots②$$

⇦①，②を a_n，b_n についての連立方程式とみる。

①＋②より　$2a_n=5^n-3^n$

ゆえに　$\boldsymbol{a_n=\dfrac{5^n-3^n}{2}}$

また，①－②より　$2b_n=5^n-(-3^n)=5^n+3^n$

ゆえに　$\boldsymbol{b_n=\dfrac{5^n+3^n}{2}}$

2 数学的帰納法

本編 p.022～023

A

74 (1) $3+5+7+\cdots\cdots+(2n+1)=n(n+2)$ …①

とする。

(Ⅰ) $n=1$ のとき

(左辺)$=3$，(右辺)$=1\cdot(1+2)=3$

よって，$n=1$ のとき①が成り立つ。

(Ⅱ) $n=k$ のとき，①が成り立つと仮定すると

$3+5+7+\cdots+(2k+1)=k(k+2)$ …②

$n=k+1$ のとき，①の左辺を②を用いて変形すると

(左辺)$=3+5+7+\cdots$
$\cdots+(2k+1)+\{2(k+1)+1\}$
$=3+5+7+\cdots$
$\cdots+(2k+1)+(2k+3)$
$=k(k+2)+(2k+3)$
$=k^2+4k+3$
$=(k+1)(k+3)$
$=(k+1)\{(k+1)+2\}=$(右辺)

← (左辺)：$n=k+1$ のときの①の左辺
← (右辺)：$n=k+1$ のときの①の右辺

よって，$n=k+1$ のときも①が成り立つ。

(Ⅰ)，(Ⅱ)より，①はすべての自然数 n について成り立つ。 終

(2) $2+2\cdot3+2\cdot3^2+\cdots+2\cdot3^{n-1}=3^n-1$ …①

とする。

(Ⅰ) $n=1$ のとき

(左辺)$=2$，(右辺)$=3^1-1=2$

よって，$n=1$ のとき①が成り立つ。

(Ⅱ) $n=k$ のとき，①が成り立つと仮定すると

$2+2\cdot3+2\cdot3^2+\cdots+2\cdot3^{k-1}=3^k-1$ …②

$n=k+1$ のとき，①の左辺を②を用いて変形すると

(左辺)$=2+2\cdot3+2\cdot3^2+\cdots$
$\cdots+2\cdot3^{k-1}+2\cdot3^{(k+1)-1}$
$=3^k-1+2\cdot3^k$
$=(1+2)\cdot3^k-1$
$=3\cdot3^k-1$
$=3^{k+1}-1=$(右辺)

← (左辺)：$n=k+1$ のときの①の左辺
← (右辺)：$n=k+1$ のときの①の右辺

よって，$n=k+1$ のときも①が成り立つ。

(Ⅰ)，(Ⅱ)より，①はすべての自然数 n について成り立つ。 終

B

75 $2^n>4n-1$ ……①とおく。

(Ⅰ) $n=4$ のとき ← 最初の n の値は 4

(左辺)$=2^4=16$，(右辺)$=4\cdot4-1=15$

よって，$n=4$ のとき①が成り立つ。

(Ⅱ) $k\geqq4$ として，$n=k$ のとき，①が成り立つと仮定すると

$2^k>4k-1$

この両辺に 2 を掛けると ← $2\times2^k=2^{k+1}$ より左辺を 2^{k+1} にする。

$2^{k+1}>8k-2$ ……②

ここで，$8k-2$ と $4(k+1)-1$ の大小を比較すると

← $8k-2$：②の右辺
← $4(k+1)-1$：導きたい式の右辺

$8k-2-\{4(k+1)-1\}=4k-5$

$k\geqq4$ であるから $4k-5>0$ ← $k\geqq4$ のとき $4k\geqq16$

よって，

$8k-2>4(k+1)-1$ ……③

ゆえに，②，③より

$2^{k+1}>4(k+1)-1$ ← $2^{k+1}\overset{②}{>}8k-2\overset{③}{>}4(k+1)-1$

したがって，

$n=k+1$ のときも①が成り立つ。

(Ⅰ)，(Ⅱ)より，①は 4 以上のすべての自然数 n について成り立つ。 終

76「5^n-1 は 4 の倍数である」を命題 P とする。

(I) $n=1$ のとき

$5^1-1=4$ となるから，P は成り立つ

(II) $n=k$ のとき，P が成り立つと仮定すると

$5^k-1=4m$ (m は整数) ← 4 の倍数は 4×(整数) と表す。

すなわち

$5^k=4m+1$ ……①

と表される。

$n=k+1$ のとき，①を用いて変形すると

$$5^{k+1}-1=5\cdot5^k-1$$
$$=5(4m+1)-1$$
$$=20m+4=4(5m+1)$$

$5m+1$ は整数であるから， ← m が整数のとき $5m+1$ も整数

$5^{k+1}-1$ は 4 の倍数となり

P は $n=k+1$ のときも成り立つ。

(I)，(II)より，P はすべての自然数 n について成り立つ。 終

(参考)

$$5^{k+1}-1=5\cdot5^k-1$$
$$=5(5^k-1)+5-1$$
$$=5\cdot4m+4=4(5m+1)$$

のように，5^k-1 のまとまりをつくるように変形してもよい。

77 (1) $a_1=2$，$a_{n+1}=\dfrac{a_n{}^2-1}{n}$ より

$$\boldsymbol{a_2}=\frac{a_1{}^2-1}{1}=\frac{2^2-1}{1}=\boldsymbol{3} \quad \leftarrow n=1 \text{ を代入}$$

$$\boldsymbol{a_3}=\frac{a_2{}^2-1}{2}=\frac{3^2-1}{2}=\boldsymbol{4} \quad \leftarrow n=2 \text{ を代入}$$

$$\boldsymbol{a_4}=\frac{a_3{}^2-1}{3}=\frac{4^2-1}{3}=\boldsymbol{5} \quad \leftarrow n=3 \text{ を代入}$$

よって，$\{a_n\}$ の一般項は

$\boldsymbol{a_n=n+1}$ と推定できる。

(2) $a_n=n+1$ ……①とおく。

(I) $n=1$ のとき

①において $a_1=1+1=2$

よって，①は $n=1$ のとき成り立つ。

(II) $n=k$ のとき，①が成り立つと仮定すると

$a_k=k+1$ ……②

$n=k+1$ のとき，与えられた漸化式と②より

$$a_{k+1}=\frac{a_k{}^2-1}{k} \quad \leftarrow n=k \text{ を代入}$$
$$=\frac{(k+1)^2-1}{k}$$
$$=\frac{k^2+2k}{k}=\frac{k(k+2)}{k}$$
$$=k+2=(k+1)+1$$

ゆえに，①は $n=k+1$ のときも成り立つ。

(I)，(II)より，①はすべての自然数 n について成り立つ。 終

78 $a_1=1$，$a_{n+1}=\dfrac{a_n-4}{a_n-3}$ より

$$a_2=\frac{a_1-4}{a_1-3}=\frac{1-4}{1-3}=\frac{3}{2} \quad \leftarrow n=1 \text{ を代入}$$

$$a_3=\frac{a_2-4}{a_2-3}=\frac{\frac{3}{2}-4}{\frac{3}{2}-3}=\frac{5}{3} \quad \leftarrow n=2 \text{ を代入}$$

$$a_4=\frac{a_3-4}{a_3-3}=\frac{\frac{5}{3}-4}{\frac{5}{3}-3}=\frac{7}{4} \quad \leftarrow n=3 \text{ を代入}$$

$\{a_n\}$：$\dfrac{1}{1}$，$\dfrac{3}{2}$，$\dfrac{5}{3}$，$\dfrac{7}{4}$，……

よって，$\{a_n\}$ の一般項は

$$a_n=\frac{2n-1}{n} \quad \cdots\cdots①$$

と推定できる。この推定が正しいことを，数学的帰納法を用いて証明する。

①は a_1，a_2，a_3，a_4 から推定したものなので，$n\geqq5$ でも成り立つかわからない。そこで，この推定がすべての自然数 n について正しいことを，数学的帰納法で証明する。

(I) $n=1$ のとき

①において

$$a_1=\frac{2\cdot1-1}{1}=\frac{1}{1}=1$$

よって，①は $n=1$ のとき成り立つ。

(Ⅱ) $n=k$ のとき，①が成り立つと仮定すると

$$a_k=\frac{2k-1}{k} \quad \cdots\cdots ②$$

$n=k+1$ のとき，与えられた漸化式と②を用いて

$$a_{k+1}=\frac{a_k-4}{a_k-3}$$

分母・分子に k を掛ける。

$$=\frac{\frac{2k-1}{k}-4}{\frac{2k-1}{k}-3}=\frac{2k-1-4k}{2k-1-3k}$$

$$=\frac{-2k-1}{-k-1}=\frac{2k+1}{k+1}$$

$$=\frac{2(k+1)-1}{k+1}$$

← $2k+1=2(k+1)-1$ と変形する。

ゆえに，①は $n=k+1$ のときも成り立つ。

(Ⅰ)，(Ⅱ)から，①はすべての自然数 n について成り立つ。

したがって，求める一般項は

$$\boldsymbol{a_n=\frac{2n-1}{n}}$$

79 $\frac{1}{2}+\frac{2}{4}+\frac{3}{8}+\cdots+\frac{n}{2^n}=2-\frac{n+2}{2^n} \quad \cdots\cdots ①$

とおく。

(Ⅰ) $n=1$ のとき

$$(\text{左辺})=\frac{1}{2}$$

$$(\text{右辺})=2-\frac{1+2}{2^1}=2-\frac{3}{2}=\frac{1}{2}$$

よって，$n=1$ のとき①が成り立つ。

(Ⅱ) $n=k$ のとき，①が成り立つと仮定すると

$$\frac{1}{2}+\frac{2}{4}+\frac{3}{8}+\cdots+\frac{k}{2^k}=2-\frac{k+2}{2^k} \quad \cdots\cdots ②$$

$n=k+1$ のとき，①の左辺を②を用いて変形すると

$$(\text{左辺})=\frac{1}{2}+\frac{2}{4}+\frac{3}{8}+\cdots+\frac{k}{2^k}+\frac{k+1}{2^{k+1}}$$

↑ $n=k+1$ のときの①の左辺

$$=\left(2-\frac{k+2}{2^k}\right)+\frac{k+1}{2^{k+1}}$$

$$=2-\frac{2(k+2)-(k+1)}{2^{k+1}}$$

$$=2-\frac{k+3}{2^{k+1}}$$

$n=k+1$ のときの①の右辺 ↓

$$=2-\frac{(k+1)+2}{2^{k+1}}=(\text{右辺})$$

ゆえに，$n=k+1$ のときも①が成り立つ。

(Ⅰ)，(Ⅱ)より，①はすべての自然数 n について成り立つ。 終

C

80 $(1+h)^n>1+nh$ （$n\geqq 2$，$h>0$） ……①とおく。

(教 p.42 章末B 9)

⇦不等式 $P>Q$ を証明するには，$P-Q>0$ であることを示す。

(Ⅰ) $n=2$ のとき

$$(\text{左辺})-(\text{右辺})=(1+h)^2-(1+2h)$$

$$=h^2>0$$

より $(1+h)^2>1+2h$

よって，$n=2$ のとき①が成り立つ。

(Ⅱ) $k\geqq 2$ として，$n=k$ のとき，①が成り立つと仮定すると

$$(1+h)^k>1+kh$$

この両辺に $1+h$ （>0）を掛けると

$$(1+h)^{k+1}>(1+kh)(1+h) \quad \cdots\cdots ②$$

ここで，$(1+kh)(1+h)$ と $1+(k+1)h$ の大小を比較すると

$$(1+kh)(1+h)-\{1+(k+1)h\}$$

$$=1+(k+1)h+kh^2-1-(k+1)h=kh^2$$

$k \geqq 2$, $h>0$ より，$kh^2>0$ であるから

$$(1+kh)(1+h)>1+(k+1)h \quad \cdots\cdots ③$$

よって，②，③から　$(1+h)^{k+1}>1+(k+1)h$

ゆえに，$n=k+1$ のときも①が成り立つ。

(I)，(II)より，①は 2 以上のすべての自然数 n について成り立つ。 終

⇦ $(1+h)^{k+1} \overset{②}{>} (1+kh)(1+h) \overset{③}{>} 1+(k+1)h$

⇦(参考)　二項定理（数学II）を用いて証明することもできる。

81「$3^{n+1}+4^{2n-1}$ は 13 の倍数である」を命題 P とする。

(I)　$n=1$ のとき

$$3^{1+1}+4^{2\cdot1-1}=3^2+4^1=9+4=13$$

となるから，P は成り立つ。

(II)　$n=k$ のとき，P が成り立つと仮定すると

$$3^{k+1}+4^{2k-1}=13m \text{（m は整数）} \quad \cdots\cdots ①$$

と表される。

$n=k+1$ のとき，①を用いて変形すると

$$\begin{aligned}&3^{(k+1)+1}+4^{2(k+1)-1}\\&=3\cdot3^{k+1}+4^2\cdot4^{2k-1}\\&=3\cdot3^{k+1}+(3+13)\cdot4^{2k-1}\\&=3(3^{k+1}+4^{2k-1})+13\cdot4^{2k-1}\\&=3\cdot13m+13\cdot4^{2k-1}=13(3m+4^{2k-1})\end{aligned}$$

$3m+4^{2k-1}$ は整数であるから，$3^{(k+1)+1}+4^{2(k+1)-1}$ は 13 の倍数となり，P は $n=k+1$ のときも成り立つ。

(I)，(II)より，P はすべての自然数 n について成り立つ。 終

⇦ 13 の倍数は，m を整数とすると $13m$ と表すことができる。

⇦ $4^2=16=3+13$

⇦①より $3^{k+1}=13m-4^{2k-1}$ を代入してもよい。

⇦ $3m+4^{2k-1}$ は整数であることを確認しておく。

82「x^n+y^n は整数である」を命題 P とする。

(I)　$n=1$ のとき

条件より，$x^1+y^1=x+y$ は整数である。

$n=2$ のとき

$$x^2+y^2=(x+y)^2-2xy$$

$x+y$，xy は整数であるから，x^2+y^2 も整数である。

よって，$n=1$，2 のとき，P は成り立つ。

(II)　$n=k$，$k+1$ のとき，P が成り立つと仮定すると

x^k+y^k，$x^{k+1}+y^{k+1}$ はともに整数である。

$n=k+2$ のとき

$$x^{k+2}+y^{k+2}=(x^{k+1}+y^{k+1})(x+y)-xy(x^k+y^k)$$

ここで，$x+y$，xy，x^k+y^k，$x^{k+1}+y^{k+1}$ は整数であるから，$x^{k+2}+y^{k+2}$ は整数となり，

P は $n=k+2$ のときも成り立つ。

(I)，(II)より，P はすべての自然数 n について成り立つ。 終

⇦ $n=k$，$k+1$ のときに成り立つと仮定して，$n=k+2$ のときも成り立つことを示す。

⇦ $\begin{aligned}&(x^{k+1}+y^{k+1})(x+y)\\&=x^{k+2}+y^{k+2}+x^{k+1}y+xy^{k+1}\\&=x^{k+2}+y^{k+2}+xy(x^k+y^k)\end{aligned}$

研究 確率と漸化式

本編 p.024

C

83 [1](1) P_1 は1回の操作のうち，1のカードを奇数回取り出す確率であるから，1回の操作で1のカードを引く確率である。

よって $\boldsymbol{P_1=\frac{1}{3}}$

⇦1，2，3の3枚のカードから1のカードを取り出す確率

P_2 は2回の操作のうち，1のカードを奇数回取り出す確率であるから，次の(i)，(ii)のいずれかが起こる確率である。

(i) 1回目の操作で1のカードを取り出し，2回目の操作で2，3のカードを取り出す。

(ii) 1回目の操作で2，3のカードを取り出し，2回目の操作で1のカードを取り出す。

(i)，(ii)は同時に起こらないから

$$\boldsymbol{P_2}=\frac{1}{3}\cdot\frac{2}{3}+\frac{2}{3}\cdot\frac{1}{3}=\boldsymbol{\frac{4}{9}}$$

(2) P_{n+1} は $(n+1)$ 回の操作のうち，1のカードを奇数回取り出す確率であるから，次の(i)，(ii)のいずれかが起こる確率である。

⇦ n 回目までに1を奇数回取り出しているか，偶数回取り出しているかで場合分けをする。

(i) n 回目までに1のカードを奇数回取り出し，$(n+1)$ 回目に2，3のカードを取り出す。

(ii) n 回目までに1のカードを偶数回取り出し，$(n+1)$ 回目に1のカードを取り出す。

n 回目までに1のカードを奇数回取り出す確率は P_n，偶数回取り出す確率は $(1-P_n)$ であり，

⇦1のカードを偶数回取り出す事象は，奇数回取り出す事象の余事象

(i)，(ii)は同時に起こらないから

$$\boldsymbol{P_{n+1}}=P_n\cdot\frac{2}{3}+(1-P_n)\cdot\frac{1}{3}$$

$$=\boldsymbol{\frac{1}{3}P_n+\frac{1}{3}}$$

(3) (1)，(2)より

$$P_1=\frac{1}{3},\quad P_{n+1}=\frac{1}{3}P_n+\frac{1}{3}$$

漸化式を変形すると

⇦ $\alpha=\frac{1}{3}\alpha+\frac{1}{3}$ より $\alpha=\frac{1}{2}$

$$P_{n+1}-\frac{1}{2}=\frac{1}{3}\left(P_n-\frac{1}{2}\right)$$

数列 $\left\{P_n-\frac{1}{2}\right\}$ は，初項 $P_1-\frac{1}{2}=\frac{1}{3}-\frac{1}{2}=-\frac{1}{6}$，公比 $\frac{1}{3}$ の等比数列であるから

$$P_n-\frac{1}{2}=-\frac{1}{6}\cdot\left(\frac{1}{3}\right)^{n-1}=-\frac{1}{2}\cdot\left(\frac{1}{3}\right)^n$$

よって　$\boldsymbol{P_n}=\frac{1}{2}-\frac{1}{2}\cdot\left(\frac{1}{3}\right)^n=\boldsymbol{\frac{1}{2}\left\{1-\left(\frac{1}{3}\right)^n\right\}}$

⇦ $-\frac{1}{6}\cdot\left(\frac{1}{3}\right)^{n-1}=-\frac{1}{2}\cdot\frac{1}{3}\cdot\left(\frac{1}{3}\right)^{n-1}$
$=-\frac{1}{2}\cdot\left(\frac{1}{3}\right)^n$

[2](1)　Q_1 は1回の操作で取り出したカードの数字の合計が偶数である確率であるから，1回の操作で[2]のカードを取り出す確率である。

よって　$\boldsymbol{Q_1=\frac{1}{3}}$

Q_2 は2回の操作で取り出したカードの数字の合計が偶数である確率であるから，次の(i)，(ii)のいずれかが起こる確率である。

(i)　2回とも偶数のカードを取り出す。

(ii)　2回とも奇数のカードを取り出す。

(i)，(ii)は同時に起こらないから

$$\boldsymbol{Q_2}=\frac{1}{3}\cdot\frac{1}{3}+\frac{2}{3}\cdot\frac{2}{3}=\boldsymbol{\frac{5}{9}}$$

⇦(i) 1回目に[2]のカードを取り出し，2回目にも[2]のカードを取り出す。
(ii) 1回目に[1]，[3]のカードを取り出し，2回目にも[1]，[3]のカードを取り出す。

(2)　Q_{n+1} は $(n+1)$ 回の操作で取り出したカードの数字の合計が偶数である確率であるから，次の(i)，(ii)のいずれかが起こる確率である。

⇦ n 回目までの数字の合計が偶数か奇数かで場合分けをする。

(i)　n 回目までに取り出したカードの数字の合計が偶数で，$(n+1)$ 回目に[2]のカードを取り出す。

(ii)　n 回目までに取り出したカードの数字の合計が奇数で，$(n+1)$ 回目に[1]，[3]のカードを取り出す。

n 回の操作で取り出したカードの数字の合計が偶数である確率は Q_n，奇数である確率は $(1-Q_n)$ であり，

⇦カードの数字の合計が奇数である事象は，合計が偶数である事象の余事象。

(i)，(ii)は同時に起こらないから

$$\boldsymbol{Q_{n+1}}=Q_n\cdot\frac{1}{3}+(1-Q_n)\cdot\frac{2}{3}$$
$$=\boldsymbol{-\frac{1}{3}Q_n+\frac{2}{3}}$$

(3) (1), (2)より

$$Q_1=\frac{1}{3},\ Q_{n+1}=-\frac{1}{3}Q_n+\frac{2}{3}$$

漸化式を変形すると

$$Q_{n+1}-\frac{1}{2}=-\frac{1}{3}\left(Q_n-\frac{1}{2}\right)$$

⇦ $\alpha=-\frac{1}{3}\alpha+\frac{2}{3}$ より $\alpha=\frac{1}{2}$

数列 $\left\{Q_n-\frac{1}{2}\right\}$ は，初項 $Q_1-\frac{1}{2}=\frac{1}{3}-\frac{1}{2}=-\frac{1}{6}$，公比 $-\frac{1}{3}$ の等比数列であるから

$$Q_n-\frac{1}{2}=-\frac{1}{6}\cdot\left(-\frac{1}{3}\right)^{n-1}=\frac{1}{2}\cdot\left(-\frac{1}{3}\right)^n$$

⇦ $-\frac{1}{6}\cdot\left(-\frac{1}{3}\right)^{n-1}$
$=\frac{1}{2}\cdot\left(-\frac{1}{3}\right)\cdot\left(-\frac{1}{3}\right)^{n-1}$
$=\frac{1}{2}\cdot\left(-\frac{1}{3}\right)^n$

よって $Q_n=\frac{1}{2}+\frac{1}{2}\cdot\left(-\frac{1}{3}\right)^n=\boldsymbol{\frac{1}{2}\left\{1+\left(-\frac{1}{3}\right)^n\right\}}$

研究 $a_{n+1}=pa_n+f(n)$ の形の漸化式

本編 p.024〜025

B

84 $a_1=0,\ a_{n+1}=2a_n-3n+1$ ……①

[1](1) $b_1=a_2-a_1$ ← ①に $n=1$ を代入
$=(2a_1-3\cdot1+1)-a_1$
$=a_1-2=-2$ ← $a_1=0$

①式の n に $n+1$ を代入すると

$a_{n+2}=2a_{n+1}-3(n+1)+1$ ……②

②−①より

$a_{n+2}-a_{n+1}=2(a_{n+1}-a_n)-3$

ここで，$a_{n+1}-a_n=b_n$ とおくと

$b_{n+1}=2b_n-3$

よって $\boldsymbol{b_1=-2,\ b_{n+1}=2b_n-3}$

(2) $b_{n+1}=2b_n-3$ を変形して

$b_{n+1}-3=2(b_n-3)$ ← $\alpha=2\alpha-3$ より $\alpha=3$

数列 $\{b_n-3\}$ は

初項 $b_1-3=-2-3=-5$，公比 2

の等比数列であるから

$b_n-3=-5\cdot2^{n-1}$

よって $\boldsymbol{b_n=-5\cdot2^{n-1}+3}$

(3) (2)より ↓ $b_n=a_{n+1}-a_n$

$a_{n+1}-a_n=-5\cdot2^{n-1}+3$

この式に①を代入して

$2a_n-3n+1-a_n=-5\cdot2^{n-1}+3$

ゆえに $\boldsymbol{a_n=-5\cdot2^{n-1}+3n+2}$

(別解)

$b_n=a_{n+1}-a_n$ であるから，

$\{b_n\}$ は $\{a_n\}$ の階差数列である。

よって，$n\geqq2$ のとき

$$\begin{aligned}a_n&=a_1+\sum_{k=1}^{n-1}b_k\\&=0+\sum_{k=1}^{n-1}(-5\cdot2^{k-1}+3)\\&=-5\sum_{k=1}^{n-1}(2^{k-1})+3\sum_{k=1}^{n-1}1\\&=\frac{-5(2^{n-1}-1)}{2-1}+3(n-1)\\&=-5\cdot2^{n-1}+5+3n-3\\&=-5\cdot2^{n-1}+3n+2\end{aligned}$$

$n=1$ のとき

$-5\cdot2^{1-1}+3\cdot1+2$

$=-5+3+2=0=a_1$

となり，この式は $n=1$ のときも成り立つ。

ゆえに　$\boldsymbol{a_n=-5\cdot2^{n-1}+3n+2}$

[2](1)　漸化式①が

$a_{n+1}-\{p(n+1)+q\}=2\{a_n-(pn+q)\}$

と変形できたとする。この式を整理して

$a_{n+1}=2a_n-pn+p-q$

①の係数と比較して

$-p=-3,\ p-q=1$

（$-p$：n の係数，$p-q$：定数項）

これを解いて　$\boldsymbol{p=3,\ q=2}$

(2)　(1)より，漸化式①は

$a_{n+1}-\{3(n+1)+2\}=2\{a_n-(3n+2)\}$

と変形できる。（$p=3,\ q=2$）

$a_n-(3n+2)=c_n$ とおくと

$c_{n+1}=2c_n$

$c_1=a_1-(3\cdot1+2)$ ← $n=1$ を代入

$=0-5=-5$

よって，数列 $\{c_n\}$ は，初項 -5，公比 2 の等比数列であるから

$\boldsymbol{c_n=-5\cdot2^{n-1}}$

(3)　$a_n-(3n+2)=c_n$ と(2)より

$\boldsymbol{a_n}=c_n+(3n+2)$

$\boldsymbol{=-5\cdot2^{n-1}+3n+2}$

85 $a_1=2,\ a_{n+1}=4a_n+2^{n+1}$　……①

[1](1)　①の両辺を 4^{n+1} で割ると

$\dfrac{a_{n+1}}{4^{n+1}}=\dfrac{a_n}{4^n}+\left(\dfrac{1}{2}\right)^{n+1}$ ← $\dfrac{2^{n+1}}{4^{n+1}}=\left(\dfrac{2}{4}\right)^{n+1}=\left(\dfrac{1}{2}\right)^{n+1}$

ここで，$\dfrac{a_n}{4^n}=b_n$ とおくと

$b_{n+1}=b_n+\left(\dfrac{1}{2}\right)^{n+1}$ → $b_{n+1}-b_n=\left(\dfrac{1}{2}\right)^{n+1}$ であるから，$\{b_n\}$ の階差数列を考える。

$b_1=\dfrac{a_1}{4^1}=\dfrac{2}{4}=\dfrac{1}{2}$

よって，$n\geqq2$ のとき

$b_n=b_1+\displaystyle\sum_{k=1}^{n-1}\left(\frac{1}{2}\right)^{k+1}$

$=\dfrac{1}{2}+\displaystyle\sum_{k=1}^{n-1}\left(\frac{1}{2}\right)^2\cdot\left(\frac{1}{2}\right)^{k-1}$

$=\dfrac{1}{2}+\dfrac{\frac{1}{4}\cdot\left\{1-\left(\frac{1}{2}\right)^{n-1}\right\}}{1-\frac{1}{2}}$

$=\dfrac{1}{2}+\dfrac{1}{2}\left\{1-\left(\dfrac{1}{2}\right)^{n-1}\right\}$

$=1-\left(\dfrac{1}{2}\right)^n$ ← $n\geqq2$ のときの式

上の式は $n=1$ のときも成り立つ。（$1-\left(\dfrac{1}{2}\right)^1=\dfrac{1}{2}=b_1$）

ゆえに　$\boldsymbol{b_n=1-\left(\dfrac{1}{2}\right)^n}$

(2)　$\dfrac{a_n}{4^n}=b_n$ より

$\boldsymbol{a_n}=4^n\cdot b_n$

$=4^n\cdot\left\{1-\left(\dfrac{1}{2}\right)^n\right\}$

$=4^n-4^n\cdot\left(\dfrac{1}{2}\right)^n\boldsymbol{=4^n-2^n}$

（$4^n\cdot\left(\dfrac{1}{2}\right)^n=\left(4\cdot\dfrac{1}{2}\right)^n=2^n$）

[2](1)　①の両辺を 2^{n+1} で割ると

$\dfrac{a_{n+1}}{2^{n+1}}=\dfrac{4}{2}\cdot\dfrac{a_n}{2^n}+1$

すなわち

$\dfrac{a_{n+1}}{2^{n+1}}=2\cdot\dfrac{a_n}{2^n}+1$

ここで，$\dfrac{a_n}{2^n}=c_n$ とおくと

$c_{n+1}=2c_n+1$

$c_1=\dfrac{a_1}{2^1}=\dfrac{2}{2}=1$

$c_{n+1}=2c_n+1$ を変形すると

$c_{n+1}+1=2(c_n+1)$ ← $\alpha=2\alpha+1$ より　$\alpha=-1$

よって，数列 $\{c_n+1\}$ は初項 $c_1+1=1+1=2$，公比 2 の等比数列であるから

$c_n+1=2\cdot2^{n-1}=2^n$

ゆえに　$\boldsymbol{c_n=2^n-1}$

(2) $\dfrac{a_n}{2^n}=c_n$ より

$$\boldsymbol{a_n}=2^n\cdot c_n$$
$$=2^n(2^n-1)$$
$$=2^n\cdot 2^n-2^n=\boldsymbol{4^n-2^n}$$

86 $a_{n+1}=2a_n+2^{n+1}$ の両辺を 2^{n+1} で割ると

$$\frac{a_{n+1}}{2^{n+1}}=\frac{a_n}{2^n}+1$$

ここで，$\dfrac{a_n}{2^n}=b_n$ とおくと

$$b_{n+1}=b_n+1$$
$$b_1=\frac{a_1}{2^1}=\frac{2}{2}=1$$

よって，数列 $\{b_n\}$ は，初項 1，公差 1 の等差数列であるから

$$b_n=1+(n-1)\cdot 1=n$$

ゆえに　$\boldsymbol{a_n}=b_n\cdot 2^n=\boldsymbol{n\cdot 2^n}$

発展 隣接 3 項間の漸化式

本編 p.025

B

87 (1)　$a_1=1$，$a_2=2$，$a_{n+2}=7a_{n+1}-12a_n$　…①

2 次方程式 $t^2=7t-12$ を解くと

$(t-3)(t-4)=0$ ← $t^2-7t+12=0$

より　$t=3$，4

これから，①を変形して，次の 2 式が得られる。

$$\begin{cases} a_{n+2}-3a_{n+1}=4(a_{n+1}-3a_n) & \leftarrow \alpha=3,\ \beta=4 \\ a_{n+2}-4a_{n+1}=3(a_{n+1}-4a_n) & \leftarrow \alpha=4,\ \beta=3 \end{cases}$$

上の 2 式から

数列 $\{a_{n+1}-3a_n\}$ は，

初項　$a_2-3a_1=2-3\cdot 1=-1$

公比　4

の等比数列であるから

$a_{n+1}-3a_n=-1\cdot 4^{n-1}=-4^{n-1}$　…②

数列 $\{a_{n+1}-4a_n\}$ は，

初項　$a_2-4a_1=2-4\cdot 1=-2$

公比　3

の等比数列であるから

$a_{n+1}-4a_n=-2\cdot 3^{n-1}$　…③

②−③より

$$\boldsymbol{a_n}=-4^{n-1}-(-2\cdot 3^{n-1})$$
$$=\boldsymbol{2\cdot 3^{n-1}-4^{n-1}}$$

(2)　$a_1=1$，$a_2=4$，$a_{n+2}=-2a_{n+1}+3a_n$　…①

2 次方程式 $t^2=-2t+3$ を解くと

$(t-1)(t+3)=0$

より　$t=1$，-3

これから，①を変形して，次の 2 式が得られる。

$$\begin{cases} a_{n+2}-a_{n+1}=-3(a_{n+1}-a_n) \\ a_{n+2}+3a_{n+1}=a_{n+1}+3a_n \end{cases}$$

上の 2 式から

数列 $\{a_{n+1}-a_n\}$ は

初項　$a_2-a_1=4-1=3$

公比　-3

の等比数列であるから

$a_{n+1}-a_n=3\cdot(-3)^{n-1}$　← $3=-(-3)$

$=-(-3)^n$　…②

数列 $\{a_{n+1}+3a_n\}$ は

初項　$a_2+3a_1=4+3\cdot 1=7$

公比　1

の等比数列であるから

$a_{n+1}+3a_n=7\cdot 1^{n-1}$

$=7$　…③

③−②より

$$4a_n=7-\{-(-3)^n\}=7+(-3)^n$$

よって　$\boldsymbol{a_n=\dfrac{1}{4}\{7+(-3)^n\}}$

(別解 1)

$a_{n+1}-a_n=3\cdot(-3)^{n-1}$（②式）より，

数列 $\{a_n\}$ の階差数列 $\{b_n\}$ の一般項は

$$b_n=3\cdot(-3)^{n-1}$$

よって，$n\geqq 2$ のとき

$$a_n=a_1+\sum_{k=1}^{n-1}b_k=1+\sum_{k=1}^{n-1}3\cdot(-3)^{k-1}$$
$$=1+\frac{3\{1-(-3)^{n-1}\}}{1-(-3)}$$
$$=1+\frac{3-3\cdot(-3)^{n-1}}{4}$$
$$=\frac{1}{4}\{7+(-3)^n\}$$ ← $n\geqq 2$ のときの式

この式は，$n=1$ のときも成り立つ。 ← $\frac{1}{4}\{7+(-3)^1\}=\frac{4}{4}=1=a_1$

よって　$\boldsymbol{a_n=\frac{1}{4}\{7+(-3)^n\}}$

（別解 2）

$a_{n+1}+3a_n=7$（③式）を変形すると

$$a_{n+1}-\frac{7}{4}=-3\left(a_n-\frac{7}{4}\right)$$ ← $\alpha+3\alpha=7$ より　$\alpha=\frac{7}{4}$

よって，数列 $\left\{a_n-\frac{7}{4}\right\}$ は

初項 $a_1-\frac{7}{4}=1-\frac{7}{4}=-\frac{3}{4}$，公比 -3

の等比数列であり，

$$a_n-\frac{7}{4}=-\frac{3}{4}\cdot(-3)^{n-1}=\frac{1}{4}\cdot(-3)^n$$

ゆえに　$\boldsymbol{a_n=\frac{7}{4}+\frac{(-3)^n}{4}=\frac{1}{4}\{7+(-3)^n\}}$

88 $a_1=1$，$a_2=5$，$a_{n+2}=6a_{n+1}-9a_n$　……①

(1)　$a_{n+2}-\alpha a_{n+1}=\beta(a_{n+1}-\alpha a_n)$

を整理すると

$$a_{n+2}=(\alpha+\beta)a_{n+1}-\alpha\beta a_n$$

①の係数と比較して

$\alpha+\beta=6$，$\alpha\beta=9$

これを解いて

$\boldsymbol{\alpha=3}$，$\boldsymbol{\beta=3}$ ← α，β は $t^2-6t+9=0$ の解

(2)　(1)より，$a_{n+1}-3a_n=b_n$ とおくと

$b_{n+1}=3b_n$

よって，数列 $\{b_n\}$ は

初項　$a_2-3a_1=5-3\cdot1=2$

公比　3

の等比数列であるから

$\boldsymbol{b_n=2\cdot3^{n-1}}$

(3)　(2)より

$a_{n+1}=3a_n+2\cdot3^{n-1}$　……②

②の両辺を 3^{n+1} で割ると

$$\frac{a_{n+1}}{3^{n+1}}=\frac{a_n}{3^n}+\frac{2}{9}$$

ここで，$\frac{a_n}{3^n}=c_n$ とおくと

$$c_{n+1}=c_n+\frac{2}{9},\ c_1=\frac{a_1}{3^1}=\frac{1}{3}$$

よって，数列 $\{c_n\}$ は初項 $\frac{1}{3}$，公差 $\frac{2}{9}$

の等差数列であるから

$$c_n=\frac{1}{3}+(n-1)\cdot\frac{2}{9}=\frac{2}{9}n+\frac{1}{9}$$

ゆえに　$a_n=3^nc_n=3^n\left(\frac{2}{9}n+\frac{1}{9}\right)$

$\boldsymbol{=(2n+1)3^{n-2}}$

《章末問題》

本編 p.026～027

89 (1)　$\displaystyle\sum_{i=1}^{n}\left\{\sum_{j=1}^{i}(2j-1)\right\}=\sum_{i=1}^{n}\left(2\sum_{j=1}^{i}j-\sum_{j=1}^{i}1\right)$

$$=\sum_{i=1}^{n}\left\{2\cdot\frac{1}{2}i(i+1)-i\right\}$$
$$=\sum_{i=1}^{n}i^2$$
$$=\boldsymbol{\frac{1}{6}n(n+1)(2n+1)}$$

⇦内側にある Σ から順に計算する。

⇦$\displaystyle\sum_{j=1}^{i}j=1+2+3+\cdots\cdots+i=\frac{1}{2}i(i+1)$

(2) $\displaystyle\sum_{m=1}^{l} m=\frac{1}{2}l(l+1)=\frac{1}{2}(l^2+l)$

より

$$\sum_{l=1}^{k}\left(\sum_{m=1}^{l} m\right)=\sum_{l=1}^{k}\frac{1}{2}(l^2+l)$$
$$=\frac{1}{2}\left(\sum_{l=1}^{k} l^2+\sum_{l=1}^{k} l\right)$$
$$=\frac{1}{2}\left\{\frac{1}{6}k(k+1)(2k+1)+\frac{1}{2}k(k+1)\right\}$$
$$=\frac{1}{2}\cdot\frac{1}{6}k(k+1)\{(2k+1)+3\}$$
$$=\frac{1}{12}k(k+1)(2k+4)=\frac{1}{6}k(k+1)(k+2)$$
$$=\frac{1}{6}(k^3+3k^2+2k)$$

よって

$$\sum_{k=1}^{n}\left\{\sum_{l=1}^{k}\left(\sum_{m=1}^{l} m\right)\right\}=\sum_{k=1}^{n}\frac{1}{6}(k^3+3k^2+2k)$$
$$=\frac{1}{6}\left(\sum_{k=1}^{n} k^3+3\sum_{k=1}^{n} k^2+2\sum_{k=1}^{n} k\right)$$
$$=\frac{1}{6}\left\{\frac{1}{4}n^2(n+1)^2+3\cdot\frac{1}{6}n(n+1)(2n+1)+2\cdot\frac{1}{2}n(n+1)\right\}$$
$$=\frac{1}{6}\cdot\frac{1}{4}n(n+1)\{n(n+1)+2(2n+1)+4\}$$
$$=\frac{1}{24}n(n+1)(n^2+5n+6)$$
$$=\boldsymbol{\frac{1}{24}n(n+1)(n+2)(n+3)}$$

⇦内側の Σ から順に計算する。

⇦$\displaystyle\sum_{l=1}^{k}\left(\sum_{m=1}^{l} m\right)$ を具体的な k の式で表す。

⇦$\displaystyle\sum_{k=1}^{n}\left\{\sum_{l=1}^{k}\left(\sum_{m=1}^{l} m\right)\right\}$ を具体的な n の式で表す。

Σの公式

- $\displaystyle\sum_{k=1}^{n} k^3=\frac{1}{4}n^2(n+1)^2$
- $\displaystyle\sum_{k=1}^{n} k^2=\frac{1}{6}n(n+1)(2n+1)$
- $\displaystyle\sum_{k=1}^{n} k=\frac{1}{2}n(n+1)$

90 (1) $\{a_n\}$ と $\{b_n\}$ を具体的に書き出すと

$\{a_n\}$：7, 13, 19, 25, 31, 37, 43, ……, 499

$\{b_n\}$：2, 9, 16, 23, 30, 37, 44, ……, 499

よって，$\{a_n\}$，$\{b_n\}$ に共通に含まれる数の最小の整数は **37**

㊙ p.41 章末A 1

(2) 等差数列 $\{a_n\}$ と $\{b_n\}$ に共通に含まれる数からなる数列を $\{c_n\}$ とする。

$\{c_n\}$ は初項 37，公差 42，末項 499 の等差数列であるから，一般項 c_n は

$c_n=37+(n-1)\cdot 42=42n-5$

末項が 499 であるから，項数は

$42n-5=499$ より　$n=12$

⇦$\{c_n\}$ の公差は 2 つの数列 $\{a_n\}$，$\{b_n\}$ の公差の最小公倍数

よって，求める数列は

初項 37，公差 42，項数 12　の等差数列

(参考)　一般的な共通項の求め方

$a_n=7+(n-1)\cdot 6=6n+1$

$b_m=2+(m-1)\cdot 7=7m-5$

より，$6n+1=7m-5$ とおいて整理すると

$6(n+1)=7m$

上の式において，6 と 7 は互いに素であるから

$m=6k,\ n+1=7k$ （k は整数）

とおける。

よって，共通項から作られる数列 $\{c_n\}$ の第 k 項 c_k は

$c_k=6(7k-1)+1=42k-5$

(3)　(2)の結果から，求める和を S とすると

$$S=\frac{1}{2}\cdot 12\cdot\{2\cdot 37+(12-1)\cdot 42\}$$

$$=6\times(74+462)=\mathbf{3216}$$

⇦初項 37，公差 42，末項 499 の等差数列としてもよい。

⇦m は 6 の倍数，$n+1$ は 7 の倍数

⇦末項 499 を用いて $S=\frac{1}{2}\cdot 12\cdot(37+499)$ を計算してもよい。

91 (1)　1 と 20 の間にある，7 を分母とする分数は，既約分数でないものも含めて

$\frac{8}{7},\ \frac{9}{7},\ \frac{10}{7},\ \cdots\cdots,\ \frac{139}{7}$ の 132 個ある。（$139-(8-1)=132$）

このうち，既約分数でないものは

$\frac{14}{7}=2,\ \frac{21}{7}=3,\ \frac{28}{7}=4,\ \cdots\cdots,\ \frac{133}{7}=19$ の 18 個ある。

したがって，求める既約分数の和は

$$\left(\frac{8}{7}+\frac{9}{7}+\frac{10}{7}+\cdots+\frac{139}{7}\right)-\left(\frac{14}{7}+\frac{21}{7}+\cdots+\frac{133}{7}\right)$$

（初項 $\frac{8}{7}$，末項 $\frac{139}{7}$，項数 132／初項 2，末項 19，項数 18 の等差数列）

$$=\frac{1}{2}\cdot 132\cdot\left(\frac{8}{7}+\frac{139}{7}\right)-\frac{1}{2}\cdot 18\cdot(2+19)$$

$$=1386-189=\mathbf{1197}$$

⇦$1=\frac{7}{7},\ 20=\frac{140}{7}$

⇦7 を分母とする分数の和から既約分数でない数の和を引く。

(2)　1 と 5 の間にある，100 を分母とする分数は，既約分数でないものも含めて

$\frac{101}{100},\ \frac{102}{100},\ \frac{103}{100},\ \cdots\cdots,\ \frac{499}{100}$

の 399 個あり，その和は

$$\frac{1}{2}\cdot 399\cdot\left(\frac{101}{100}+\frac{499}{100}\right)=1197$$

⇦$1=\frac{100}{100},\ 5=\frac{500}{100}$

1
章末問題

これらの分子に注目すると,

101, 102, 103, ……, 499

このうち

2の倍数は　102, 104, 106, ……, 498 の 199 個あり,

その和は　$\frac{1}{2}\cdot 199\cdot(102+498)=59700$

5の倍数は　105, 110, 115, ……, 495 の 79 個あり,

その和は　$\frac{1}{2}\cdot 79\cdot(105+495)=23700$

10 の倍数は　110, 120, 130, ……, 490 の 39 個あり,

その和は　$\frac{1}{2}\cdot 39\cdot(110+490)=11700$

よって, 求める既約分数の和は

$$1197-\frac{59700+23700-11700}{100}=\mathbf{480}$$

⇦既約でない分数, すなわち分子が 100 と 1 以外の正の公約数をもつ数の和を求める。$100=2^2\cdot 5^2$ より, 2 または 5 を約数にもつ数を調べる。

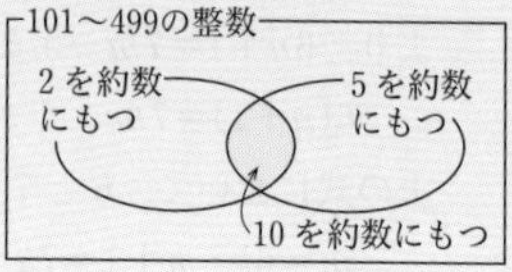

92 (1)　$\{a_n\}:12,\ 6,\ 4,\ \cdots$

が調和数列であるから,

$$\left\{\frac{1}{a_n}\right\}:\frac{1}{12},\ \frac{1}{6},\ \frac{1}{4},\ \cdots$$

は等差数列であり,

初項は $\frac{1}{12}$, 公差は $\frac{1}{12}$ であるから,

$$\frac{1}{a_n}=\frac{1}{12}+(n-1)\cdot\frac{1}{12}=\frac{n}{12}$$

よって, 求める一般項 a_n は

$$\boldsymbol{a_n=\frac{12}{n}}$$

⇦ $\{a_n\}$ が調和数列のとき, $\left\{\frac{1}{a_n}\right\}$ は等差数列である。

(2)　数列 $\left\{\frac{1}{b_n}\right\}$ は等差数列であるから, 初項を a, 公差を d とすると

$$\frac{1}{b_3}=a+2d=\frac{1}{3}$$

$$\frac{1}{b_8}=a+7d=1$$

⇦ $\frac{1}{b_3}$ は $\left\{\frac{1}{b_n}\right\}$ の第 3 項

⇦ $\frac{1}{b_8}$ は $\left\{\frac{1}{b_n}\right\}$ の第 8 項

これを解いて　$a=\frac{1}{15},\ d=\frac{2}{15}$

よって　$\frac{1}{b_n}=\frac{1}{15}+(n-1)\cdot\frac{2}{15}=\frac{2n-1}{15}$

ゆえに, 求める一般項 b_n は

$$\boldsymbol{b_n=\frac{15}{2n-1}}$$

93 (1)　等差数列 $\{a_n\}$ の初項を a，公差を d とおくと

$$a_n=a+(n-1)d$$

等比数列 $\{b_n\}$ の初項を a，公比を r（$r>0$）とおくと

$$b_n=ar^{n-1}$$

これより　$c_n=a+(n-1)d+ar^{n-1}$

ここで　$c_1=4,\ c_2=2,\ c_3=18$　より

$$\begin{cases} c_1=a+a=4 & \cdots\cdots ① \\ c_2=a+d+ar=2 & \cdots\cdots ② \\ c_3=a+2d+ar^2=18 & \cdots\cdots ③ \end{cases}$$

①より　$a=2$

②に代入して整理すると

$$d+2r=0 \quad \cdots\cdots ④$$

③に代入して整理すると

$$d+r^2=8 \quad \cdots\cdots ⑤$$

⑤−④より　$r^2-2r=8$

$$r^2-2r-8=0$$

$(r-4)(r+2)=0$ より　$r=4,\ -2$

$r>0$ であるから　$r=4$

このとき　$d=-8$

よって，求める数列 $\{c_n\}$ の一般項は

$$\boldsymbol{c_n}=2+(n-1)\cdot(-8)+2\cdot4^{n-1}$$
$$=\boldsymbol{2\cdot4^{n-1}-8n+10}$$

(2)　求める数列 $\{c_n\}$ の初項から第 n 項までの和を S とすると

$$S=\sum_{k=1}^{n}c_k=\sum_{k=1}^{n}(2\cdot4^{k-1}-8k+10)$$
$$=\sum_{k=1}^{n}2\cdot4^{k-1}-8\sum_{k=1}^{n}k+\sum_{k=1}^{n}10$$
$$=\frac{2(4^n-1)}{4-1}-8\cdot\frac{1}{2}n(n+1)+10n$$
$$=\frac{2}{3}(4^n-1)-4n^2+6n$$
$$=\boldsymbol{\frac{2}{3}(4^n-6n^2+9n-1)}$$

94 (1)　$\triangle A_nB_nC_n$ と $\triangle A_{n+1}B_{n+1}C_{n+1}$ は，相似な三角形であり，相似比は $2:1$ であるから，面積比は

$$S_n:S_{n+1}=2^2:1^2$$
$$=4:1$$

よって　$\boldsymbol{S_{n+1}=\frac{1}{4}S_n}$

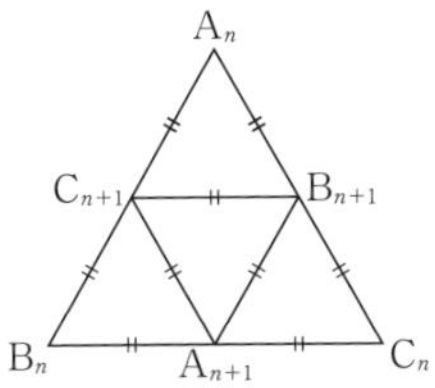

⇦条件より，公比 r は正の値

⇦仮定より $c_n=a_n+b_n$

⇦④，⑤から d を消去

⇦ $r>0$ に注意

Σの公式

- $\displaystyle\sum_{k=1}^{n}ar^n=\frac{a(r^n-1)}{r-1}=\frac{a(1-r^n)}{1-r}$
- $\displaystyle\sum_{k=1}^{n}k=\frac{1}{2}n(n+1)$
- $\displaystyle\sum_{k=1}^{n}c=nc$（$c$ は定数）

⇦$\triangle A_nB_nC_n$ と $\triangle A_{n+1}B_{n+1}C_{n+1}$ はいずれも正三角形

⇦面積比は相似比の 2 乗

1
章末問題

(2) $S_1=\triangle A_1B_1C_1=\frac{1}{2}\cdot2\cdot2\cdot\sin 60^\circ=2\cdot\frac{\sqrt{3}}{2}=\sqrt{3}$

であるから，数列 $\{S_n\}$ は初項 $\sqrt{3}$，公比 $\frac{1}{4}$ の等比数列である。

⇦(1)より $\{S_n\}$ は等比数列

よって

$$S_1+S_2+S_3+\cdots\cdots+S_n=\frac{\sqrt{3}\left\{1-\left(\frac{1}{4}\right)^n\right\}}{1-\frac{1}{4}}$$

$$=\frac{4\sqrt{3}}{3}\left\{1-\left(\frac{1}{4}\right)^n\right\}$$

(3) $S_n=\sqrt{3}\left(\frac{1}{4}\right)^{n-1}$，$S_1=\sqrt{3}$ であるから，

$S_n<\frac{1}{1000}S_1$ のとき　$\sqrt{3}\left(\frac{1}{4}\right)^{n-1}<\sqrt{3}\cdot\frac{1}{1000}$

これより　$\frac{1}{4^{n-1}}<\frac{1}{1000}$

すなわち　$4^{n-1}>1000$　……①

⇦ $a>0$，$b>0$ のとき

$\frac{1}{a}<\frac{1}{b}\Leftrightarrow a>b$

ここで，$4^4=256$，$4^5=1024$ より，①を満たすためには

$n-1\geqq5$

よって　$n\geqq6$

ゆえに，①を満たす最小の自然数は 6 であるから

求める n の値は　$\boldsymbol{n=6}$

95 $S_n=2n^2-5n+a$　……①とおく。

初項 a_1 は，①に $n=1$ を代入して

$a_1=S_1=2\cdot1^2-5\cdot1+a=a-3$　……②

$n\geqq2$ のとき

$a_n=S_n-S_{n-1}$

$=2n^2-5n+a-\{2(n-1)^2-5(n-1)+a\}$

$=4n-7$　……③ ←── $n\geqq2$ のときの式

数列の和と一般項

$n=1$ のとき　$a_1=S_1$

$n\geqq2$ のとき　$a_n=S_n-S_{n-1}$

このとき

$a_{n+1}-a_n=\{4(n+1)-7\}-(4n-7)=4$（一定）

となるから

$n\geqq2$ のとき，数列 $\{a_n\}$ は公差が 4 の等差数列である。

$n=1$ のときも含めて等差数列となるためには

②，③から　$4\cdot1-7=a_1$

すなわち　$-3=a-3$

よって　$\boldsymbol{a=0}$

このとき，初項 **−3**，公差 **4**

⇦ $\{a_n\}$ が等差数列

⇔ $a_{n+1}-a_n=d$（一定）

⇦ $a_n=4n-7=-3+(n-1)\cdot4$

より，$\{a_n\}$ は等差数列である。

⇦③に $n=1$ を代入した式の値が，

②の値（a_1）となればよい。

96 与えられた数列を次のように1個，2個，3個，……の群に分ける。

$1 \mid 2,\ 1 \mid 3,\ 2,\ 1 \mid 4,\ 3,\ 2,\ 1 \mid 5,\ 4,\ \cdots$

(1) 第 n 群には，n，$n-1$，…，2，1 の n 個の項が含まれるから，$n \geqq 2$ のとき，第1群から第 $(n-1)$ 群の末項までの項数は

$$1+2+3+\cdots\cdots+(n-1)=\frac{1}{2}n(n-1)$$

よって，第200項が第 n 群に含まれるとすると

$$\underbrace{\frac{1}{2}n(n-1)}_{\text{第}(n-1)\text{群の末項までの項数}}<200\leqq\underbrace{\frac{1}{2}n(n+1)}_{\text{第}n\text{群の末項までの項数}} \quad \cdots\cdots ①$$

すなわち　$n(n-1)<400\leqq n(n+1)$

ここで，$19\cdot20=380$，$20\cdot21=420$ であるから，

①を満たす自然数 n は　$n=20$

ゆえに，第200項は第20群に含まれる。

また，第19群の末項までの項数は

$$1+2+3+\cdots\cdots+19=\frac{1}{2}\cdot19\cdot(19+1)=190 \text{（個）}$$

であり，$200-190=10$ より，

第200項は第20群の10番目の項である。

したがって，第200項は　**11**

(2) 第 n 群に含まれる項の和は

$$n+(n-1)+(n-2)+\cdots\cdots+2+1$$
$$=1+2+3+\cdots\cdots\cdots\cdots+(n-1)+n$$
$$=\frac{1}{2}n(n+1)$$

また，第20群の初項から第10項までの和は

$$20+19+18+\cdots\cdots+11$$
$$=\frac{1}{2}\cdot10\cdot(20+11)=155$$

よって，初項から第200項までの和は

$$\sum_{k=1}^{19}\frac{1}{2}k(k+1)+155=\frac{1}{2}\left(\sum_{k=1}^{19}k^2+\sum_{k=1}^{19}k\right)+155$$
$$=\frac{1}{2}\left(\frac{1}{6}\cdot19\cdot20\cdot39+\frac{1}{2}\cdot19\cdot20\right)+155$$
$$=1330+155=\mathbf{1485}$$

㊙教 p.42 章末B 8

⇦数列を群に分けて考える。

⇦初項1，末項 $n-1$，項数 $n-1$ の等差数列の和

⇦ $400=20^2$ より，$n \fallingdotseq 20$ と当たりをつけるとよい。

⇦ $\overbrace{20,\ 19,\ 18,\ \cdots,\ 11,}^{10\text{個}}\ \cdots$

⇦第1群から第19群までの和と第20群の初項から第10項までの和に分けて考える。

⇦第1群から第19群の末項までの総和は　$\displaystyle\sum_{k=1}^{19}\frac{1}{2}k(k+1)$

97 $S_n=2a_n-n$ ……①とおく。

㊫p.42 章末B 7

(1) ①において，$n=1$ とすると，$S_1=a_1$ であるから

$$a_1=2a_1-1$$

よって　$\boldsymbol{a_1=1}$

⇦ $S_1=a_1$ であることに着目する。

(2) $$a_{n+1}=S_{n+1}-S_n$$
$$=\{2a_{n+1}-(n+1)\}-(2a_n-n)$$
$$=2a_{n+1}-2a_n-1$$

よって　$\boldsymbol{a_{n+1}=2a_n+1}$

⇦ $a_1+a_2+\cdots+a_n+a_{n+1}=S_{n+1}$
$a_1+a_2+\cdots+a_n\qquad=S_n$

(3) $a_{n+1}=2a_n+1$ を変形すると

$$a_{n+1}+1=2(a_n+1)$$

⇦ $\alpha=2\alpha+1$ より　$\alpha=-1$

これから，数列 $\{a_n+1\}$ は

初項　$a_1+1=1+1=2$，公比 2

⇦(1)より　$a_1=1$

の等比数列であるから

$$a_n+1=2\cdot2^{n-1}=2^n$$

よって　$\boldsymbol{a_n=2^n-1}$

98 (1) $a_1=2,\ a_{n+1}=\dfrac{2a_n+1}{a_n+2}$ ……①とおく。

$b_n=\dfrac{a_n+1}{a_n-1}$ より　$b_{n+1}=\dfrac{a_{n+1}+1}{a_{n+1}-1}$

⇦ b_{n+1} と b_n の関係式を求める。

この式に①を代入すると

$$b_{n+1}=\frac{\dfrac{2a_n+1}{a_n+2}+1}{\dfrac{2a_n+1}{a_n+2}-1}=\frac{(2a_n+1)+(a_n+2)}{(2a_n+1)-(a_n+2)}$$
$$=\frac{3a_n+3}{a_n-1}=3\cdot\frac{a_n+1}{a_n-1}=3b_n$$

よって　$b_{n+1}=3b_n,\ b_1=\dfrac{a_1+1}{a_1-1}=\dfrac{2+1}{2-1}=3$

⇦ $a_1=2$

これから，数列 $\{b_n\}$ は初項 3，公比 3 の等比数列である。

ゆえに　$\boldsymbol{b_n}=3\cdot3^{n-1}=\boldsymbol{3^n}$　……②

(2) $\dfrac{a_n+1}{a_n-1}=b_n=3^n$ より

⇦ $\dfrac{a_n+1}{a_n-1}=b_n$ を用いて a_n を求める。

$$3^n(a_n-1)=a_n+1$$
$$3^na_n-3^n=a_n+1$$
$$3^na_n-a_n=3^n+1$$
$$(3^n-1)a_n=3^n+1$$

n は自然数であるから，$3^n-1>0$ より

⇦ $3^n-1\geqq2>0$

$$\boldsymbol{a_n=\frac{3^n+1}{3^n-1}}$$

99 $\frac{1}{1^2}+\frac{1}{2^2}+\frac{1}{3^2}+\cdots\cdots+\frac{1}{n^2}<2-\frac{1}{n}$ ……①とおく。

(I) $n=2$ のとき

$$(\text{左辺})=\frac{1}{1^2}+\frac{1}{2^2}=1+\frac{1}{4}=\frac{5}{4}$$

$$(\text{右辺})=2-\frac{1}{2}=\frac{3}{2}$$

よって，$n=2$ のとき①が成り立つ。

(II) $k\geqq 2$ として，$n=k$ のとき，①が成り立つと仮定すると

$$\frac{1}{1^2}+\frac{1}{2^2}+\frac{1}{3^2}+\cdots+\frac{1}{k^2}<2-\frac{1}{k}$$

この両辺に $\frac{1}{(k+1)^2}$ を加えると

$$\frac{1}{1^2}+\frac{1}{2^2}+\frac{1}{3^2}+\cdots+\frac{1}{k^2}+\frac{1}{(k+1)^2}<2-\frac{1}{k}+\frac{1}{(k+1)^2} \quad \cdots②$$

ここで，$2-\frac{1}{k}+\frac{1}{(k+1)^2}$ と $2-\frac{1}{k+1}$ の大小を比較すると

$$\left(2-\frac{1}{k+1}\right)-\left\{2-\frac{1}{k}+\frac{1}{(k+1)^2}\right\}$$
$$=-\frac{1}{k+1}+\frac{1}{k}-\frac{1}{(k+1)^2}$$
$$=\frac{-k(k+1)+(k+1)^2-k}{k(k+1)^2}$$
$$=\frac{1}{k(k+1)^2}>0$$

よって　$2-\frac{1}{k}+\frac{1}{(k+1)^2}<2-\frac{1}{k+1}$ ……③

ゆえに，②，③より

$$\frac{1}{1^2}+\frac{1}{2^2}+\frac{1}{3^2}+\cdots\cdots+\frac{1}{(k+1)^2}<2-\frac{1}{k+1}$$

したがって，$n=k+1$ のときも①が成り立つ。

(I)，(II)より，①は2以上のすべての自然数 n について成り立つ。

終

㊡ p.41 章末A 6

⇦ n は2以上の自然数

⇦ $\frac{5}{4}<\frac{3}{2}\left(=\frac{6}{4}\right)$

⇦ $2-\frac{1}{k}+\frac{1}{(k+1)^2}<2-\frac{1}{k+1}$
を導きたいので
$\left(2-\frac{1}{k+1}\right)-\left\{2-\frac{1}{k}+\frac{1}{(k+1)^2}\right\}$
を調べる。

⇦ $\frac{1}{1^2}+\frac{1}{2^2}+\cdots\cdots+\frac{1}{(k+1)^2}$
$\overset{②}{<}2-\frac{1}{k}+\frac{1}{(k+1)^2}\overset{③}{<}2-\frac{1}{k+1}$

100（実さんの求め方）

$(n+1)a_{n+2}=(n+2)a_{n+1}$ の両辺を $(n+1)(n+2)$ で割ると

$$\frac{a_{n+2}}{n+2}=\frac{a_{n+1}}{n+1}$$

⇦ $n+2$ を左辺に，$n+1$ を右辺にまとめる。

ここで，$\dfrac{a_n}{n}=b_n$ とおくと　$b_{n+2}=b_{n+1}$

⇦ $n=1,\ 2,\ 3,\ \cdots\cdots$ とすると $b_3=b_2,\ b_4=b_3,\ b_5=b_4,\ \cdots\cdots$

よって，$n \geqq 2$ のとき

$$b_n=b_{n-1}=\cdots\cdots=b_2$$

$na_{n+1}=2(a_1+a_2+a_3+\cdots\cdots+a_n)$ に $n=1$ を代入すると

$$1\cdot a_2=2a_1$$

より　$a_2=2a_1=2\cdot 1=2$

⇦ $a_1=1$

ゆえに　$b_2=\dfrac{a_2}{2}=\dfrac{2}{2}=1$

であるから，$n \geqq 2$ のとき

$$b_n=b_2=1$$

⇦ $b_n=b_{n-1}=\cdots\cdots=b_n=1$

$b_n=\dfrac{a_n}{n}$ より，$n \geqq 2$ のとき

$$a_n=n$$

$a_1=1$ であるから，これは $n=1$ のときも成り立つ。

⇦ $b_1=\dfrac{a_1}{1}=1$ より，すべての自然数 n について $b_n=1$

したがって　$\boldsymbol{a_n=n}$

（教子さんの求め方）

$a_1=1,\ na_{n+1}=2(a_1+a_2+a_3+\cdots\cdots+a_n)$　……①

①に $n=1$ を代入し

$$1\cdot a_2=2a_1$$

よって　$a_2=2a_1=2\cdot 1=2$

⇦ $a_1=1$

①に $n=2$ を代入し

$$2\cdot a_3=2(a_1+a_2)$$

よって　$a_3=a_1+a_2=1+2=3$

⇦ $a_1=1,\ a_2=2$

①に $n=3$ を代入し

$$3\cdot a_4=2(a_1+a_2+a_3)$$

よって　$a_4=\dfrac{2}{3}(a_1+a_2+a_3)=\dfrac{2}{3}(1+2+3)=4$

⇦ $a_1=1,\ a_2=2,\ a_3=3$

以上より，$\{a_n\}$ の一般項は　$a_n=n$　……③

と推定できる。

この推定が正しいことを，数学的帰納法を用いて証明する。

⇦推定しただけなので，すべての自然数 n について正しいことを証明する必要がある。

(Ⅰ) $n=1$ のとき

与えられた条件から　$a_1=1$

よって，③は $n=1$ のとき成り立つ。

(Ⅱ) $n=1,\ 2,\ 3,\ \cdots\cdots,\ k$ のとき，③が成り立つと仮定すると

$i=1,\ 2,\ 3,\ \cdots,\ k$ に対して　$a_i=i$　……④

$n=k+1$ のとき

$$\begin{aligned} ka_{k+1} &= 2(a_1+a_2+a_3+\cdots\cdots+a_k) \\ &= 2(1+2+3+\cdots\cdots+k) \\ &= 2\cdot\frac{1}{2}k(k+1) \\ &= k(k+1) \end{aligned}$$

k は自然数であるから，$k \neq 0$ より　$a_{k+1}=k+1$

ゆえに，③は $n=k+1$ のときも成り立つ。

(Ⅰ)，(Ⅱ)より，③はすべての自然数 n について成り立つ。

したがって，求める一般項は　$\boldsymbol{a_n=n}$

⇦ k 以下のすべての自然数 n で③が成り立つと仮定する。

⇦ a_{k+1} について考える。

⇦④より
$a_1=1,\ a_2=2,\ a_3=3,$
$\cdots\cdots,\ a_k=k$

⇦両辺を文字 k で割るとき，$k \neq 0$ を確認する。

2章 確率分布と統計的な推測

1節 確率分布

1 確率変数と確率分布

本編 p.028

A

101 X は 1，2，3 の値をとり，それぞれの値をとる確率は

$P(X=1)=\frac{2}{9}$

$P(X=2)=\frac{3}{9}$

$P(X=3)=\frac{4}{9}$

となる。

よって，X の確率分布は次の表のようになる。

X	1	2	3	計
P	$\frac{2}{9}$	$\frac{3}{9}$	$\frac{4}{9}$	1

（参考）

確率分布は，それぞれの確率を約分せずにかくとよい。

理由として

・確率分布表にまとめたとき，総和が 1 であることが確認しやすい

・期待値や分散などの計算過程で，通分が必要になる場合が多い

などが挙げられる。

102 (1) 大小 2 個のさいころの目の出方は 36 通りあり，それぞれの確率は $\frac{1}{36}$ である。X の値は次の表のようになる。

a＼b	1	2	3	4	5	6
1	0	1	1	1	1	1
2	0	0	2	2	2	2
3	0	1	0	3	3	3
4	0	0	1	0	4	4
5	0	1	2	1	0	5
6	0	0	0	2	1	0

よって，X の確率分布は次の表のようになる。

X	0	1	2	3	4	5	計
P	$\frac{14}{36}$	$\frac{10}{36}$	$\frac{6}{36}$	$\frac{3}{36}$	$\frac{2}{36}$	$\frac{1}{36}$	1

(2) (1)より，

$P(1 \leqq X \leqq 3)$

$=P(X=1)+P(X=2)+P(X=3)$

$=\frac{10}{36}+\frac{6}{36}+\frac{3}{36}=\boldsymbol{\frac{19}{36}}$

B

103 X は 0，1，2 の値をとり，それぞれの値をとる確率は　　赤球 3 個，白球 2 個から

$P(X=0)=\frac{{}_2C_2}{{}_5C_2}=\frac{1}{10}$　　{赤球 0 個，白球 2 個}

$P(X=1)=\frac{{}_3C_1 \times {}_2C_1}{{}_5C_2}=\frac{6}{10}$　　{赤球 1 個，白球 1 個}

$P(X=2)=\frac{{}_3C_2}{{}_5C_2}=\frac{3}{10}$　　{赤球 2 個，白球 0 個}

となる。

よって，X の確率分布は次の表のようになる。

X	0	1	2	計
P	$\frac{1}{10}$	$\frac{6}{10}$	$\frac{3}{10}$	1

104 (1) X は 0，1，2，3 の値をとり，それぞれの値をとる確率は　偶数 4 枚，奇数 5 枚から

$P(X=0)=\frac{{}_5C_3}{{}_9C_3}=\frac{10}{84}$　　{偶数 0 枚，奇数 3 枚}

$P(X=1)=\frac{{}_4C_1 \times {}_5C_2}{{}_9C_3}=\frac{40}{84}$　　{偶数 1 枚，奇数 2 枚}

$P(X=2)=\frac{{}_4C_2 \times {}_5C_1}{{}_9C_3}=\frac{30}{84}$　　{偶数 2 枚，奇数 1 枚}

$$P(X=3)=\frac{{}_4C_3}{{}_9C_3}=\frac{4}{84}\quad\begin{cases}\text{偶数}\ 3\text{枚}\\\text{奇数}\ 0\text{枚}\end{cases}$$

となる。

よって X の確率分布は次の表のようになる。

X	0	1	2	3	計
P	$\frac{10}{84}$	$\frac{40}{84}$	$\frac{30}{84}$	$\frac{4}{84}$	1

(2)　(1)より，

$P(0\leqq X\leqq 2)$

$=P(X=0)+P(X=1)+P(X=2)$

$=\frac{10}{84}+\frac{40}{84}+\frac{30}{84}=\frac{80}{84}=\mathbf{\frac{20}{21}}$

余事象を考えて

$P(0\leqq X\leqq 2)=1-P(X=3)$

$=1-\frac{4}{84}=\frac{20}{21}$　としてもよい。

C

105 (1)　X は 1，2，3，4，5，6 の値をとる。

$X=1$ のとき，3 回とも 1 の目が出ればよいので，

$$P(X=1)=\left(\frac{1}{6}\right)^3=\frac{1}{216}$$

$X=2$ のとき，3 回とも 2 以下の目が出る確率と，3 回とも 1 の目が出る確率を考えて，

$$P(X=2)=\left(\frac{2}{6}\right)^3-\left(\frac{1}{6}\right)^3=\frac{7}{216}$$

⇦$X=2$ となる事象は，「3 回とも 2 以下の目が出る事象」から「3 回とも 1 の目が出る事象」を除いたものと考える。

同様にして，

$$P(X=3)=\left(\frac{3}{6}\right)^3-\left(\frac{2}{6}\right)^3=\frac{19}{216}$$

$$P(X=4)=\left(\frac{4}{6}\right)^3-\left(\frac{3}{6}\right)^3=\frac{37}{216}$$

$$P(X=5)=\left(\frac{5}{6}\right)^3-\left(\frac{4}{6}\right)^3=\frac{61}{216}$$

$$P(X=6)=1^3-\left(\frac{5}{6}\right)^3=\frac{91}{216}$$

⇦$X=3$ となる事象は，「3 回とも 3 以下の目が出る事象」から「3 回とも 2 以下の目が出る事象」を除いたものと考える。
$X=4$，$X=5$，$X=6$ も同様に考える。

よって，X の確率分布は次の表のようになる。

X	1	2	3	4	5	6	計
P	$\frac{1}{216}$	$\frac{7}{216}$	$\frac{19}{216}$	$\frac{37}{216}$	$\frac{61}{216}$	$\frac{91}{216}$	1

(2)　(1)より，

$P(3\leqq X\leqq 5)$

$=P(X=3)+P(X=4)+P(X=5)$

$=\frac{19}{216}+\frac{37}{216}+\frac{61}{216}$

$=\frac{117}{216}=\mathbf{\frac{13}{24}}$

⇦最大値が 3 以上 5 以下である確率と考えることもできる。
(3回とも5以下の目が出る確率)
−(3 回とも 2 以下の目が出る確率)
$=\left(\frac{5}{6}\right)^3-\left(\frac{2}{6}\right)^3=\frac{117}{216}=\frac{13}{24}$

2 確率変数の期待値と分散・標準偏差

本編 p.029〜030

A

106 X は 1，2，3，4 の値をとり，

X の確率分布は次の表のようになる。

X	1	2	3	4	計
P	$\frac{4}{10}$	$\frac{3}{10}$	$\frac{2}{10}$	$\frac{1}{10}$	1

このとき，X と X^2 の期待値は

$$\boldsymbol{E(X)}=1\times\frac{4}{10}+2\times\frac{3}{10}+3\times\frac{2}{10}+4\times\frac{1}{10}$$

$$=\frac{20}{10}=\boldsymbol{2}$$

$$\boldsymbol{E(X^2)}=1^2\times\frac{4}{10}+2^2\times\frac{3}{10}+3^2\times\frac{2}{10}+4^2\times\frac{1}{10}$$

$$=\frac{50}{10}=\boldsymbol{5}$$

107 X の期待値は

$$E(X)=2\times\frac{1}{6}+4\times\frac{2}{6}+6\times\frac{2}{6}+8\times\frac{1}{6}$$

$$=\frac{30}{6}=5$$

よって，X の分散と標準偏差は

$$V(X)=(2-5)^2\times\frac{1}{6}+(4-5)^2\times\frac{2}{6}$$

$$+(6-5)^2\times\frac{2}{6}+(8-5)^2\times\frac{1}{6}$$

$$=\frac{22}{6}=\boldsymbol{\frac{11}{3}}$$

$$\sigma(X)=\sqrt{V(X)}=\boldsymbol{\frac{\sqrt{33}}{3}}$$

108 X は 0，1，2，3 の値をとり，それぞれの値をとる確率は

$$P(X=0)={}_3\mathrm{C}_0\left(\frac{1}{3}\right)^3=\frac{1}{27}$$

$$P(X=1)={}_3\mathrm{C}_1\left(\frac{2}{3}\right)\left(\frac{1}{3}\right)^2=\frac{6}{27}$$

$$P(X=2)={}_3\mathrm{C}_2\left(\frac{2}{3}\right)^2\left(\frac{1}{3}\right)=\frac{12}{27}$$

$$P(X=3)={}_3\mathrm{C}_3\left(\frac{2}{3}\right)^3=\frac{8}{27}$$

よって，X の期待値は

$$E(X)=0\times\frac{1}{27}+1\times\frac{6}{27}+2\times\frac{12}{27}+3\times\frac{8}{27}$$

$$=\frac{54}{27}=2$$

また

$$E(X^2)=0^2\times\frac{1}{27}+1^2\times\frac{6}{27}+2^2\times\frac{12}{27}+3^2\times\frac{8}{27}$$

$$=\frac{126}{27}=\frac{14}{3}$$

であるから，X の標準偏差は

$$\sigma(X)=\sqrt{E(X^2)-\{E(X)\}^2}$$

$$=\sqrt{\frac{14}{3}-2^2}=\sqrt{\frac{2}{3}}=\frac{\sqrt{6}}{3}$$

ゆえに，期待値は **2**，標準偏差は $\boldsymbol{\frac{\sqrt{6}}{3}}$

109 $E(X)=4$ より，Y の期待値は

$$E(Y)=E(-2X+5)=-2E(X)+5$$

$$=-2\times4+5=\boldsymbol{-3}$$

110 $E(X)=-2$ より

$$E(Y)=E(aX+3)=aE(X)+3$$

$$=-2a+3$$

Y の期待値が 5 のとき

$-2a+3=5$

すなわち　$\boldsymbol{a=-1}$

111 (1)　X は 0，1，2，3，4 の値をとり，

それぞれの値をとる確率は

奇数 5 枚，偶数 4 枚から

$$P(X=0)=\frac{{}_4\mathrm{C}_4}{{}_9\mathrm{C}_4}=\frac{1}{126}$$　{奇数 0 枚，偶数 4 枚}

$$P(X=1)=\frac{{}_5\mathrm{C}_1\times{}_4\mathrm{C}_3}{{}_9\mathrm{C}_4}=\frac{20}{126}$$　{奇数 1 枚，偶数 3 枚}

$$P(X=2)=\frac{{}_5\mathrm{C}_2\times{}_4\mathrm{C}_2}{{}_9\mathrm{C}_4}=\frac{60}{126}$$　{奇数 2 枚，偶数 2 枚}

$$P(X=3)=\frac{{}_5\mathrm{C}_3\times{}_4\mathrm{C}_1}{{}_9\mathrm{C}_4}=\frac{40}{126}$$　{奇数 3 枚，偶数 1 枚}

$$P(X=4)=\frac{{}_5\mathrm{C}_4}{{}_9\mathrm{C}_4}=\frac{5}{126}$$　{奇数 4 枚，偶数 0 枚}

よって，X の期待値は

$$E(X)=0\times\frac{1}{126}+1\times\frac{20}{126}+2\times\frac{60}{126}+3\times\frac{40}{126}+4\times\frac{5}{126}$$

$$=\frac{280}{126}=\mathbf{\frac{20}{9}}$$

(2) Y の期待値は

$$E(Y)=E(-9X+10)=-9E(X)+10$$

$$=-9\times\frac{20}{9}+10=\mathbf{-10}$$

112 (1) $\sigma(X)=3$ より，$V(X)=3^2$ であるから，Y の分散と標準偏差は

$$V(Y)=V(-2X+1)$$

$$=(-2)^2V(X)=4\times3^2=\mathbf{36}$$

$$\sigma(Y)=\sigma(-2X+1)$$

$$=|-2|\sigma(X)=2\times3=\mathbf{6}$$

$\sqrt{V(Y)}=\sqrt{36}=6$ としてもよい。

(2) Y の分散と標準偏差は

$$V(Y)=V\left(\frac{X+2}{3}\right)$$

$$=\left(\frac{1}{3}\right)^2V(X)=\frac{1}{9}\times3^2=\mathbf{1}$$

$$\sigma(Y)=\sigma\left(\frac{X+2}{3}\right)$$

$$=\left|\frac{1}{3}\right|\sigma(X)=\frac{1}{3}\times3=\mathbf{1}$$

$\sqrt{V(Y)}=\sqrt{1}=1$ としてもよい。

B

113 表が出た硬貨の金額の和を X 円とすると，X のそれぞれの値をとる確率は

表が出た硬貨の枚数が

$P(X=0)=\frac{1}{8}\times\frac{1}{2}=\frac{1}{16}$ 　{100円 0枚, 500円 0枚}

$P(X=100)=\frac{3}{8}\times\frac{1}{2}=\frac{3}{16}$ 　{100円 1枚, 500円 0枚}

$P(X=200)=\frac{3}{8}\times\frac{1}{2}=\frac{3}{16}$ 　{100円 2枚, 500円 0枚}

$P(X=300)=\frac{1}{8}\times\frac{1}{2}=\frac{1}{16}$ 　{100円 3枚, 500円 0枚}

$P(X=500)=\frac{1}{8}\times\frac{1}{2}=\frac{1}{16}$ 　{100円 0枚, 500円 1枚}

$P(X=600)=\frac{3}{8}\times\frac{1}{2}=\frac{3}{16}$ 　{100円 1枚, 500円 1枚}

$P(X=700)=\frac{3}{8}\times\frac{1}{2}=\frac{3}{16}$ 　{100円 2枚, 500円 1枚}

$P(X=800)=\frac{1}{8}\times\frac{1}{2}=\frac{1}{16}$ 　{100円 3枚, 500円 1枚}

よって，X の期待値は

$$E(X)=0\times\frac{1}{16}+100\times\frac{3}{16}+200\times\frac{3}{16}+300\times\frac{1}{16}+500\times\frac{1}{16}+600\times\frac{3}{16}+700\times\frac{3}{16}+800\times\frac{1}{16}$$

$$=\frac{6400}{16}=\mathbf{400}\ \textbf{(円)}$$

114 X は 1，2，3，4 の値をとり，X の確率分布は次の表のようになる。

X	1	2	3	4	計
P	$\frac{4}{10}$	$\frac{3}{10}$	$\frac{2}{10}$	$\frac{1}{10}$	1

$X=1$ となるのは
(1，2)，(2，3)，(3，4)，(4，5)
$X=2$ となるのは
(1，3)，(2，4)，(3，5)
$X=3$ となるのは (1，4)，(2，5)
$X=4$ となるのは (1，5)

よって，X の期待値は

$$E(X)=1\times\frac{4}{10}+2\times\frac{3}{10}+3\times\frac{2}{10}+4\times\frac{1}{10}$$

$$=\mathbf{2}$$

X の分散は

$$V(X)=(1-2)^2\times\frac{4}{10}+(2-2)^2\times\frac{3}{10}+(3-2)^2\times\frac{2}{10}+(4-2)^2\times\frac{1}{10}$$

$$=\frac{10}{10}=\mathbf{1}$$

（別解）

$$E(X^2)=1^2\times\frac{4}{10}+2^2\times\frac{3}{10}+3^2\times\frac{2}{10}+4^2\times\frac{1}{10}$$

$$=\frac{50}{10}=5$$

であるから

$$V(X)=E(X^2)-\{E(X)\}^2$$

$$=5-2^2=\mathbf{1}$$

115 $E(Y)=E(2X-5)=2E(X)-5$

Y の期待値は 0 であるから

$2E(X)-5=0$

よって，X の期待値は　$E(X)=\mathbf{\frac{5}{2}}$

また　$\sigma(Y)=\sigma(2X-5)=2\sigma(X)$

Y の標準偏差は 1 であるから

$2\sigma(X)=1$

$\sigma(X)=\frac{1}{2}$

ゆえに，X の分散は

$$V(X)=\left(\frac{1}{2}\right)^2=\mathbf{\frac{1}{4}}$$ ← $V(X)=\{\sigma(X)\}^2$

（別解）

$Y=2X-5$ より　$X=\frac{1}{2}Y+\frac{5}{2}$

よって，X の期待値と分散は

$$E(X)=E\left(\frac{1}{2}Y+\frac{5}{2}\right)=\frac{1}{2}E(Y)+\frac{5}{2}$$

$$=\frac{1}{2}\times0+\frac{5}{2}=\mathbf{\frac{5}{2}}$$

$$V(X)=V\left(\frac{1}{2}Y+\frac{5}{2}\right)=\left(\frac{1}{2}\right)^2V(Y)$$

$$=\left(\frac{1}{2}\right)^2\times1^2=\mathbf{\frac{1}{4}}$$ ← $V(Y)=\{\sigma(Y)\}^2=1^2$

116 (1)　X は 2，4，6，8，10 の値をとり，

X の確率分布は次の表のようになる。

X	2	4	6	8	10	計
P	$\frac{1}{5}$	$\frac{1}{5}$	$\frac{1}{5}$	$\frac{1}{5}$	$\frac{1}{5}$	1

このとき，X の期待値は

$$E(X)=2\times\frac{1}{5}+4\times\frac{1}{5}+6\times\frac{1}{5}+8\times\frac{1}{5}+10\times\frac{1}{5}$$

$$=\frac{30}{5}=\mathbf{6}$$

よって，X の分散は

$$V(X)=(2-6)^2\times\frac{1}{5}+(4-6)^2\times\frac{1}{5}+(6-6)^2\times\frac{1}{5}+(8-6)^2\times\frac{1}{5}+(10-6)^2\times\frac{1}{5}$$

$$=\frac{40}{5}=\mathbf{8}$$

（別解）

$$E(X^2)=2^2\times\frac{1}{5}+4^2\times\frac{1}{5}+6^2\times\frac{1}{5}+8^2\times\frac{1}{5}+10^2\times\frac{1}{5}$$

$$=\frac{220}{5}=44$$

より，X の分散は

$$V(X)=E(X^2)-\{E(X)\}^2$$

$$=44-6^2=\mathbf{8}$$

(2)　$E(aX+b)=aE(X)+b=20$ より

$6a+b=20$　……①

$V(aX+b)=a^2V(X)=32$ より

$8a^2=32$　……②

②と $a>0$ より　$\boldsymbol{a=2}$

①に代入して　$12+b=20$

よって　$\boldsymbol{b=8}$

(3)　$2X+8\geqq20$ を解くと　$X\geqq6$

よって，求める確率は

$P(X\geqq6)$

$=P(X=6)+P(X=8)+P(X=10)$

$=\frac{1}{5}+\frac{1}{5}+\frac{1}{5}=\mathbf{\frac{3}{5}}$

117 X は0，1，2の値をとり，それぞれの値をとる確率は

$$P(X=0)=\frac{{}_2C_2}{{}_5C_2}=\frac{1}{10}$$

$$P(X=1)=\frac{{}_3C_1\times{}_2C_1}{{}_5C_2}=\frac{6}{10}$$

$$P(X=2)=\frac{{}_3C_2}{{}_5C_2}=\frac{3}{10}$$

よって，X の期待値は

$$E(X)=0\times\frac{1}{10}+1\times\frac{6}{10}+2\times\frac{3}{10}=\frac{12}{10}=\boldsymbol{\frac{6}{5}}\ \textbf{(個)}$$

ここで，X^2 の期待値は

$$E(X^2)=0^2\times\frac{1}{10}+1^2\times\frac{6}{10}+2^2\times\frac{3}{10}$$
$$=\frac{18}{10}=\frac{9}{5}$$

であるから，X の標準偏差は

$$\sigma(X)=\sqrt{E(X^2)-\{E(X)\}^2}$$
$$=\sqrt{\frac{9}{5}-\left(\frac{6}{5}\right)^2}=\sqrt{\frac{9}{25}}=\boldsymbol{\frac{3}{5}}\ \textbf{(個)}$$

また，$Y=500X$ より，

Y の期待値と標準偏差は

$$E(Y)=E(500X)=500E(X)$$
$$=500\times\frac{6}{5}=\boldsymbol{600}\ \textbf{(点)}$$

$$\sigma(Y)=\sigma(500X)=500\sigma(X)$$
$$=500\times\frac{3}{5}=\boldsymbol{300}\ \textbf{(点)}$$

3 確率変数の和と積

本編 p.031

A

118 箱Aから取り出した球にかかれた数を X，箱Bから取り出した球にかかれた数を Y とすると

$$E(X)=(1+3+5+7+9)\times\frac{1}{5}=5$$

$$E(Y)=(2+4+6+8)\times\frac{1}{4}=5$$

であるから，取り出した球にかかれた数の和 $X+Y$ の期待値は

$$E(X+Y)=E(X)+E(Y)=5+5=\boldsymbol{10}$$

119 3人の得点をそれぞれ X，Y，Z とする。

X の期待値は

$$E(X)=1\times\frac{3}{6}+2\times\frac{2}{6}+3\times\frac{1}{6}=\frac{5}{3}$$

$E(X)=E(Y)=E(Z)$ であるから，3人の得点の合計 $X+Y+Z$ の期待値は

$$E(X+Y+Z)=E(X)+E(Y)+E(Z)$$
$$=\frac{5}{3}\times3=\boldsymbol{5}\ \textbf{(点)}$$

120 X の期待値と分散は

$$E(X)=(1+2+3+4+5)\times\frac{1}{5}=3$$

$$V(X)=E(X^2)-\{E(X)\}^2$$
$$=(1^2+2^2+3^2+4^2+5^2)\times\frac{1}{5}-3^2=2$$

$E(X)=E(Y)$，$V(X)=V(Y)$ であり，

X と Y は互いに独立である。← 1回目と2回目の試行は独立な試行

よって

(1) $\boldsymbol{E(X+Y)}=E(X)+E(Y)$
$=3+3=\boldsymbol{6}$

(2) $\boldsymbol{E(XY)}=E(X)E(Y)$
$=3\times3=\boldsymbol{9}$

(3) $\boldsymbol{V(X+Y)}=V(X)+V(Y)$
$=2+2=\boldsymbol{4}$

（注意）
(1)は X と Y が互いに独立でなくても成り立つが，(2)，(3)は互いに独立でないと成り立たない。

(4) $\boldsymbol{\sigma(X+Y)}=\sqrt{V(X+Y)}=\boldsymbol{2}$

（注意） 一般に $\sigma(X+Y)\neq\sigma(X)+\sigma(Y)$

121 袋 A，B，C から取り出したカードにかかれた数をそれぞれ X，Y，Z とする。
X の期待値と分散は

$$E(X)=1\times\frac{1}{3}+4\times\frac{1}{3}+7\times\frac{1}{3}=4$$

$$V(X)=(1-4)^2\times\frac{1}{3}+(4-4)^2\times\frac{1}{3}+(7-4)^2\times\frac{1}{3}=6$$

同様に，Y，Z について

$$E(Y)=2\times\frac{1}{3}+5\times\frac{1}{3}+8\times\frac{1}{3}=5$$

$$V(Y)=(2-5)^2\times\frac{1}{3}+(5-5)^2\times\frac{1}{3}+(8-5)^2\times\frac{1}{3}=6$$

$$E(Z)=3\times\frac{1}{3}+6\times\frac{1}{3}+9\times\frac{1}{3}=6$$

$$V(Z)=(3-6)^2\times\frac{1}{3}+(6-6)^2\times\frac{1}{3}+(9-6)^2\times\frac{1}{3}=6$$

X，Y，Z は互いに独立であるから，かかれた数の和の分散は

$$V(X+Y+Z)=V(X)+V(Y)+V(Z)=6\times3=\mathbf{18}$$

$Y=X+1$，$Z=X+2$ より
$V(Y)=V(X+1)=1^2\times V(X)=6$
$V(Z)=V(X+2)=1^2\times V(X)=6$
と考えることもできる。

B

122 大きいさいころの出た目の数を Y，小さいさいころの出た目の数を Z とする。
Y の期待値と分散は

$$E(Y)=(1+2+3+4+5+6)\times\frac{1}{6}=\frac{7}{2}$$

$$V(Y)=(1^2+2^2+3^2+4^2+5^2+6^2)\times\frac{1}{6}-\left(\frac{7}{2}\right)^2=\frac{35}{12}$$

であり，$E(Y)=E(Z)$，$V(Y)=V(Z)$ である。
$X=10Y+Z$ より

$$E(X)=E(10Y+Z)=E(10Y)+E(Z)=10E(Y)+E(Z)=10\times\frac{7}{2}+\frac{7}{2}=\mathbf{\frac{77}{2}}$$

また，Y と Z は互いに独立であるから

$$V(X)=V(10Y+Z)=V(10Y)+V(Z)=10^2V(Y)+V(Z)=100\times\frac{35}{12}+\frac{35}{12}=\mathbf{\frac{3535}{12}}$$

123 (1) 表より，X，Y の確率分布はそれぞれ次の表のようになる。

X	1	2	計
P	$\frac{1}{3}$	$\frac{2}{3}$	1

Y	0	1	計
P	$\frac{1}{3}$	$\frac{2}{3}$	1

このとき，X と Y の期待値は

$$E(X)=1\times\frac{1}{3}+2\times\frac{2}{3}=\frac{5}{3}$$

$$E(Y)=0\times\frac{1}{3}+1\times\frac{2}{3}=\frac{2}{3}$$

よって　$E(X+Y)=E(X)+E(Y)=\frac{5}{3}+\frac{2}{3}=\mathbf{\frac{7}{3}}$

(2) 表より

$$P(X=1,\ Y=0)=\frac{1}{9}$$

$$P(X=1)\times P(Y=0)=\frac{1}{3}\times\frac{1}{3}=\frac{1}{9}$$

$$P(X=1,\ Y=1)=\frac{2}{9}$$

$$P(X=1)\times P(Y=1)=\frac{1}{3}\times\frac{2}{3}=\frac{2}{9}$$

$$P(X=2,\ Y=0)=\frac{2}{9}$$

$$P(X=2)\times P(Y=0)=\frac{2}{3}\times\frac{1}{3}=\frac{2}{9}$$

$$P(X=2,\ Y=1)=\frac{4}{9}$$

$$P(X=2)\times P(Y=1)=\frac{2}{3}\times\frac{2}{3}=\frac{4}{9}$$

すべての場合で

$P(X=a,\ Y=b)=P(X=a)\times P(Y=b)$

が成り立つので，X と Y は**独立である**。

(3) X と Y は独立であるから

$$E(XY)=E(X)\times E(Y)=\frac{5}{3}\times\frac{2}{3}=\boldsymbol{\frac{10}{9}}$$

(4) $E(X^2)=1^2\times\frac{1}{3}+2^2\times\frac{2}{3}=\frac{9}{3}=3$

$$E(Y^2)=0^2\times\frac{1}{3}+1^2\times\frac{2}{3}=\frac{2}{3}$$

であるから

$$V(X)=E(X^2)-\{E(X)\}^2=3-\left(\frac{5}{3}\right)^2=\frac{2}{9}$$

$$V(Y)=E(Y^2)-\{E(Y)\}^2=\frac{2}{3}-\left(\frac{2}{3}\right)^2=\frac{2}{9}$$

X と Y は独立であるから

$$V(X+Y)=V(X)+V(Y)=\frac{2}{9}+\frac{2}{9}=\boldsymbol{\frac{4}{9}}$$

4 二項分布

本編 p.032〜033

A

124 X は二項分布 $B\left(4,\ \frac{1}{3}\right)$ に従う。

よって，$X=r$ となる確率 $P(X=r)$ は

$$P(X=r)={}_4C_r\left(\frac{1}{3}\right)^r\left(\frac{2}{3}\right)^{4-r}$$

$(r=0,\ 1,\ 2,\ 3,\ 4)$

であるから，X の確率分布は次の表のようになる。

X	0	1	2	3	4	計
P	$\frac{16}{81}$	$\frac{32}{81}$	$\frac{24}{81}$	$\frac{8}{81}$	$\frac{1}{81}$	1

また，確率 $P(X\leqq 1)$ は

$$\boldsymbol{P(X\leqq 1)}=P(X=0)+P(X=1)$$

$$=\frac{16}{81}+\frac{32}{81}=\frac{48}{81}=\boldsymbol{\frac{16}{27}}$$

125 X は二項分布 $B(500,\ 0.02)$ に従うから

期待値は

$E(X)=500\times 0.02=\mathbf{10}$ ← $E(X)=np$

標準偏差は

$\sigma(X)=\sqrt{500\times 0.02\times 0.98}$ ← $\sigma(X)=\sqrt{npq}$

$$=\sqrt{\frac{49}{5}}=\boldsymbol{\frac{7\sqrt{5}}{5}}$$

126 X は二項分布 $B\left(1000,\ \frac{1}{100}\right)$ に従うから

期待値は

$E(X)=1000\times\frac{1}{100}=\mathbf{10}$ ← $E(X)=np$

標準偏差は

$\sigma(X)=\sqrt{1000\times\frac{1}{100}\times\frac{99}{100}}$ ← $\sigma(X)=\sqrt{npq}$

$$=\sqrt{\frac{99}{10}}=\boldsymbol{\frac{3\sqrt{110}}{10}}$$

127 同じ目が出る回数を X，合計得点を Z とすると，異なる目が出る回数は $15-X$ であるから

$$Z=20X-2(15-X)=22X-30$$

ここで，X は二項分布 $B\left(15,\ \frac{1}{6}\right)$ に従うから

$E(X)=15\times\frac{1}{6}=\frac{5}{2}$ ← $E(X)=np$

$\sigma(X)=\sqrt{15\times\frac{1}{6}\times\frac{5}{6}}=\frac{5\sqrt{3}}{6}$ ← $\sigma(X)=\sqrt{npq}$

よって，求める期待値と標準偏差は

$E(Z)=E(22X-30)$
$=22E(X)-30$
$=22\times\frac{5}{2}-30=$**25（点）**

$\sigma(Z)=\sigma(22X-30)$
$=|22|\sigma(X)$
$=22\times\frac{5\sqrt{3}}{6}=\frac{55\sqrt{3}}{3}$ **（点）**

B

128 X が二項分布 $B\left(n,\ \frac{a}{100}\right)$ に従い，

1 回につき，赤球を取り出す確率は $\frac{a}{100}$

期待値が 3.2，標準偏差が 1.6 であるから

$E(X)=n\times\frac{a}{100}=3.2$ ……①

← $E(X)=np$

$\sigma(X)=\sqrt{n\times\frac{a}{100}\times\frac{100-a}{100}}=1.6$ ……②

← $\sigma(X)=\sqrt{np(1-p)}$

①を②に代入して

$\sqrt{3.2\times\frac{100-a}{100}}=1.6$ ← $n\times\frac{a}{100}$ のまとまりのまま代入

両辺を 2 乗して整理すると

$3.2\times(100-a)=100\times1.6^2$

$100-a=80$

よって　$\boldsymbol{a=20}$

①より　$n\times\frac{20}{100}=3.2$

ゆえに　$\boldsymbol{n=16}$

C

129 (1)　X が二項分布 $B(n,\ p)$ に従い，

期待値が 6，分散が 2 であるから

$E(X)=np=6$ ……①

$V(X)=np(1-p)=2$ ……②

①を②に代入して　$6(1-p)=2$

⇦ np のまとまりのまま代入する。

$1-p=\frac{2}{6}=\frac{1}{3}$ より　$\boldsymbol{p=1-\frac{1}{3}=\frac{2}{3}}$

これと①より　$\frac{2}{3}n=6$

よって　$\boldsymbol{n=9}$

(2)　(1)より，X は $B\left(9,\ \frac{2}{3}\right)$ に従うから

$$p_k={}_9\mathrm{C}_k\left(\frac{2}{3}\right)^k\left(\frac{1}{3}\right)^{9-k}=\frac{9!}{k!(9-k)!}\times\frac{2^k}{3^9}\quad(0\leqq k\leqq9)$$

⇦ ${}_n\mathrm{C}_r=\frac{n!}{r!(n-r)!}$

よって

$$\frac{p_4}{p_3}=\frac{\frac{9!}{4!5!}\times\frac{2^4}{3^9}}{\frac{9!}{3!6!}\times\frac{2^3}{3^9}}=\frac{3!6!}{4!5!}\times\frac{2^4}{2^3}=\frac{6}{4}\times2=\mathbf{3}$$

⇦ $4!=4\times3!$
$6!=6\times5!$
より　$\frac{3!6!}{4!5!}=\frac{3!\times6\times5!}{4\times3!\times5!}=\frac{6}{4}$

2節 正規分布

1 連続的な確率変数　2 正規分布

本編 p.034～036

A

130 (1) $P(0 \leqq X \leqq 1)$ の値は下の図の斜線部分の面積に等しく

$$P(0 \leqq X \leqq 1) = \frac{1}{2} \times 2 \times 1 - \frac{1}{2} \times 1 \times \frac{1}{2}$$

$$= \mathbf{\frac{3}{4}}$$

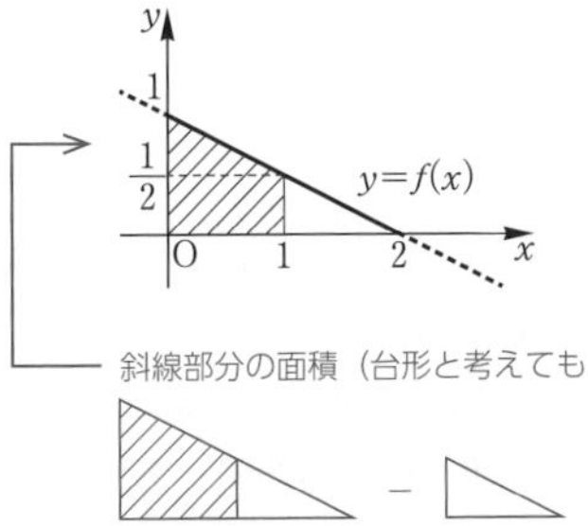

(2) $P(1 < X < 1.5)$ の値は下の図の斜線部分の面積に等しく ← $P(1 \leqq X \leqq 1.5)$ と等しい。

$$P(1 < X < 1.5) = \frac{1}{2} \times 1 \times \frac{1}{2} - \frac{1}{2} \times \frac{1}{2} \times \frac{1}{4}$$

$$= \mathbf{\frac{3}{16}}$$

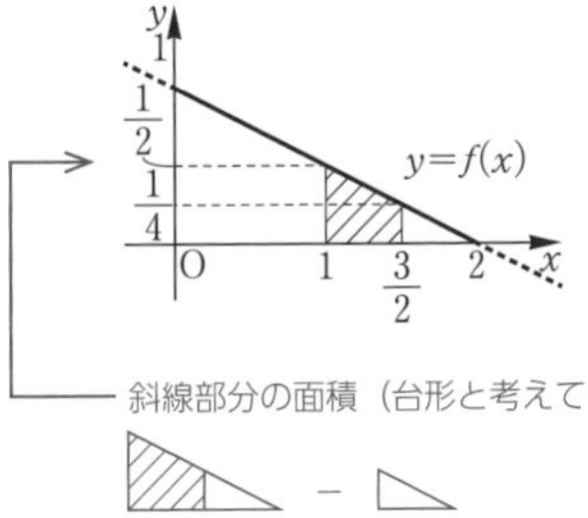

（参考）
X が連続型確率変数であるとき，
$P(X=a)=0$ であるから，
$P(a<X<b)$，$P(a<X \leqq b)$，
$P(a \leqq X<b)$ はいずれも
$P(a \leqq X \leqq b)$ と等しいと考える。

131 (1) 正規分布表より

$P(0 \leqq Z \leqq 2.5) = \mathbf{0.4938}$

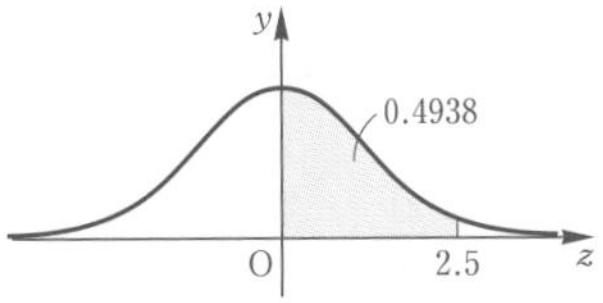

(2) 正規分布表より

$P(0 \leqq Z \leqq 2.14) = \mathbf{0.4838}$

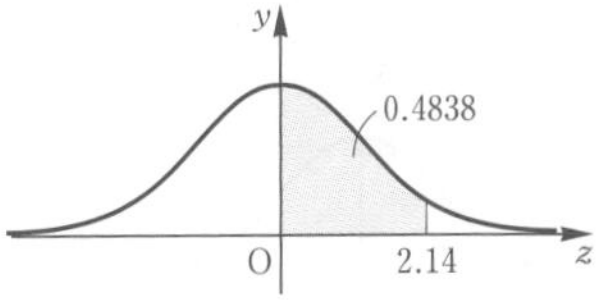

(3) $P(-0.5 \leqq Z \leqq 0) = P(0 \leqq Z \leqq 0.5)$

であるので，正規分布表より

$P(-0.5 \leqq Z \leqq 0) = \mathbf{0.1915}$

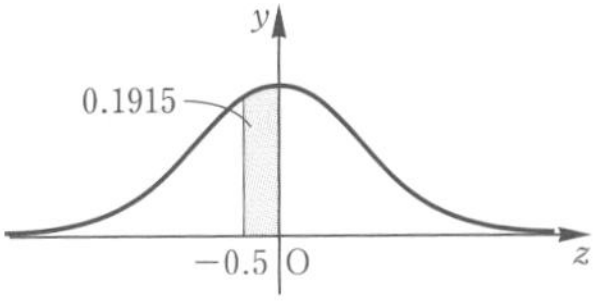

132 (1) $P(Z \leqq -0.7)$

$= P(Z \leqq 0) - P(-0.7 \leqq Z \leqq 0)$

$= P(Z \geqq 0) - P(0 \leqq Z \leqq 0.7)$

$= 0.5 - 0.2580 = \mathbf{0.242}$

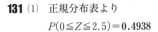

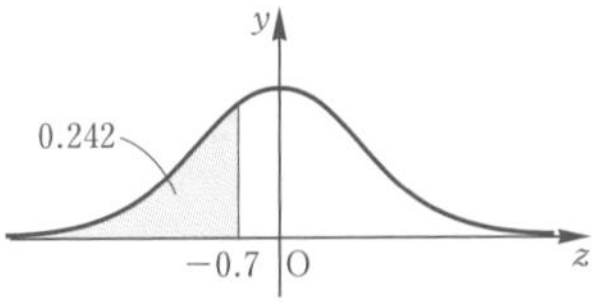

(2) $P(-1.3 \leqq Z \leqq 1)$

$=P(-1.3 \leqq Z \leqq 0)+P(0 \leqq Z \leqq 1)$

$=P(0 \leqq Z \leqq 1.3)+P(0 \leqq Z \leqq 1)$

$=0.4032+0.3413=\mathbf{0.7445}$

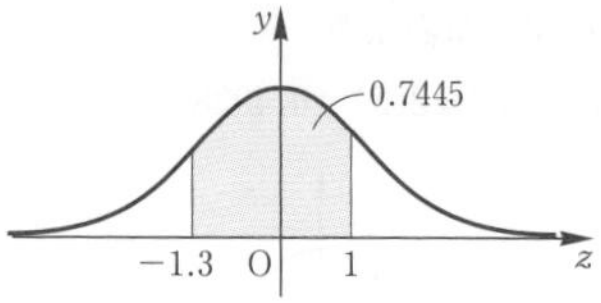

(3) $P(|Z|>2)$

$=P(Z<-2)+P(Z>2)$

$=2P(Z>2)$

$=2\{P(Z \geqq 0)-P(0 \leqq Z \leqq 2)\}$

$=2\times(0.5-0.4772)=\mathbf{0.0456}$

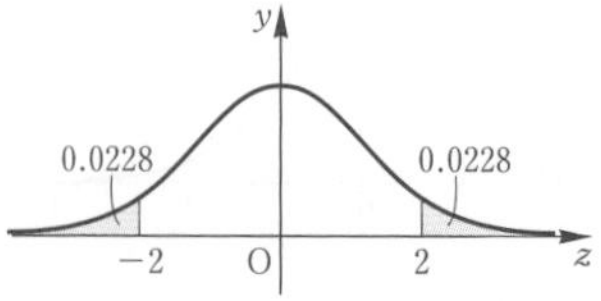

133 $Z=\dfrac{X-30}{10}$ とおいて X を標準化すると，

Z は $N(0,\ 1)$ に従う。 $N(30,\ 10^2)$ より $\mu=30,\ \sigma=10$

(1) $P(10 \leqq X \leqq 50)$

$=P\left(\dfrac{10-30}{10} \leqq \dfrac{X-30}{10} \leqq \dfrac{50-30}{10}\right)$

$=P(-2 \leqq Z \leqq 2)$

$=P(-2 \leqq Z \leqq 0)+P(0 \leqq Z \leqq 2)$

$=2P(0 \leqq Z \leqq 2)$

$=2\times 0.4772=\mathbf{0.9544}$

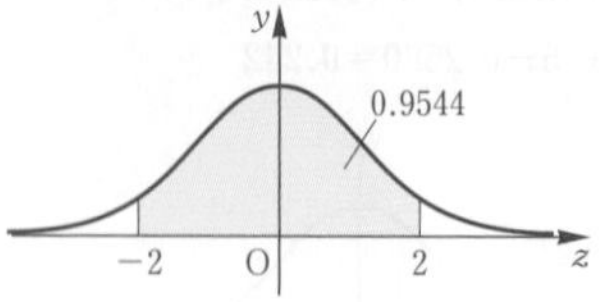

(2) $P(X \leqq 20)$

$=P\left(\dfrac{X-30}{10} \leqq \dfrac{20-30}{10}\right)$

$=P(Z \leqq -1)$

$=P(Z \geqq 1)$

$=P(Z \geqq 0)-P(0 \leqq Z \leqq 1)$

$=0.5-0.3413=\mathbf{0.1587}$

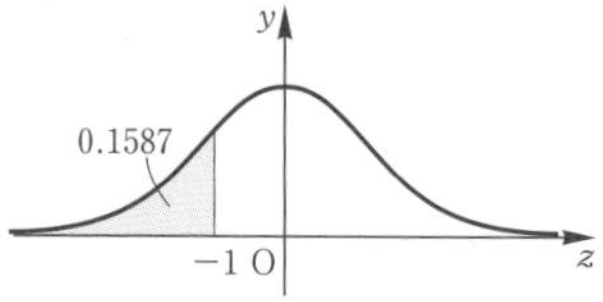

(3) $P(X>45)$

$=P\left(\dfrac{X-30}{10}>\dfrac{45-30}{10}\right)$

$=P(Z>1.5)$

$=P(Z \geqq 0)-P(0 \leqq Z \leqq 1.5)$

$=0.5-0.4332=\mathbf{0.0668}$

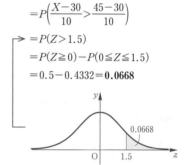

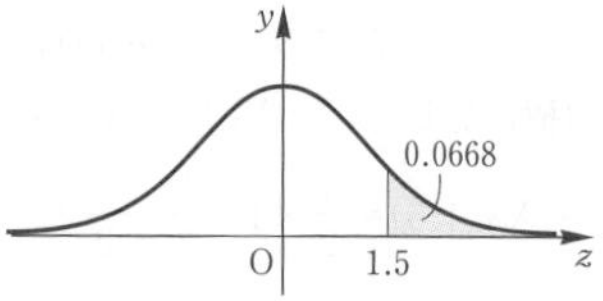

B

134 食品の重さを X g とすると，

X は $N(300,\ 5^2)$ に従う。 ← $\mu=300,\ \sigma=5$

ここで，$Z=\dfrac{X-300}{5}$ とおいて X を標準化すると，Z は $N(0,\ 1)$ に従う。

(1) 求める割合は $P(295 \leqq X \leqq 305)$ であるから，正規分布表より

$$P(295 \leqq X \leqq 305)$$
$$=P\left(\frac{295-300}{5} \leqq \frac{X-300}{5} \leqq \frac{305-300}{5}\right)$$
$$=P(-1 \leqq Z \leqq 1)$$
$$=P(-1 \leqq Z \leqq 0)+P(0 \leqq Z \leqq 1)$$
$$=2P(0 \leqq Z \leqq 1)$$
$$=2\times 0.3413=0.6826$$ → $0.6826\times 100=68.26(\%)$

よって，**およそ 68%**

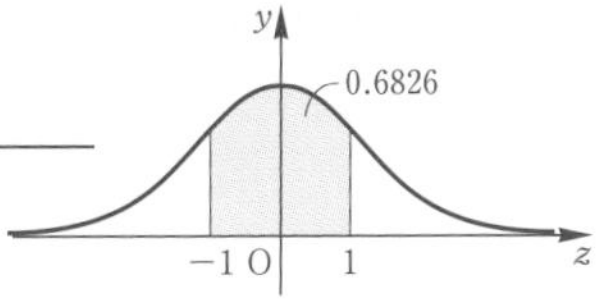

(2) 求める割合は $P(X \leqq 293)$ であるから，正規分布表より

$$P(X \leqq 293)$$
$$=P\left(\frac{X-300}{5} \leqq \frac{293-300}{5}\right)$$
$$=P(Z \leqq -1.4)$$
$$=P(Z \leqq 0)-P(-1.4 \leqq Z \leqq 0)$$
$$=P(Z \geqq 0)-P(0 \leqq Z \leqq 1.4)$$
$$=0.5-0.4192=0.0808$$ → $0.0808\times 100=8.08(\%)$

よって，**およそ 8%**

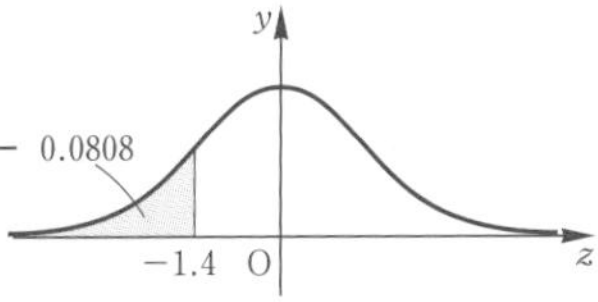

135 表の出る回数を X とすると，

X は二項分布 $B\left(1600,\ \dfrac{1}{2}\right)$ に従う。

$$E(X)=1600\times\frac{1}{2}=800$$ ← $E(X)=np$

$$\sigma(X)=\sqrt{1600\times\frac{1}{2}\times\frac{1}{2}}=20$$ ← $\sigma(X)=\sqrt{npq}$

また，1600 は十分大きな値であるから，X は近似的に正規分布 $N(800,\ 20^2)$ に従うと考えてよい。

ここで，$Z=\dfrac{X-800}{20}$ とおいて X を標準化すると，Z は $N(0,\ 1)$ に従う。

求める確率は $P(780 \leqq X \leqq 840)$ であるから，正規分布表より

$$P(780 \leqq X \leqq 840)$$
$$=P\left(\frac{780-800}{20} \leqq \frac{X-800}{20} \leqq \frac{840-800}{20}\right)$$
$$=P(-1 \leqq Z \leqq 2)$$
$$=P(-1 \leqq Z \leqq 0)+P(0 \leqq Z \leqq 2)$$
$$=P(0 \leqq Z \leqq 1)+P(0 \leqq Z \leqq 2)$$
$$=0.3413+0.4772=\mathbf{0.8185}$$

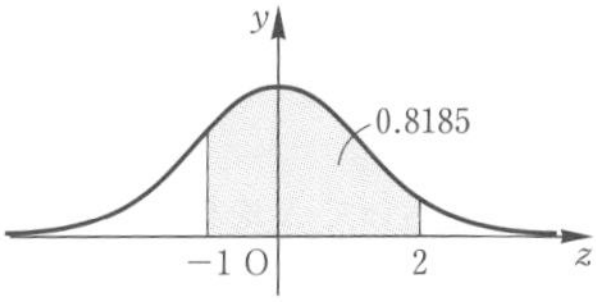

136 (1) $f(x)=a(2-x)$ $(0 \leqq x \leqq 2)$ が確率密度関数であるから，右の図の斜線部分の面積について

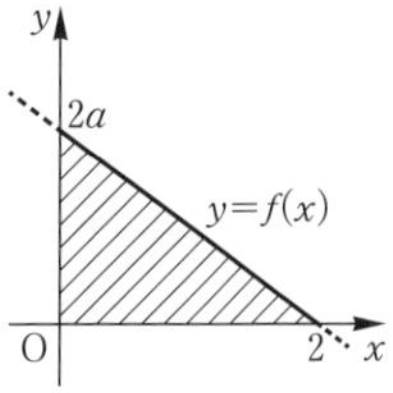

$$\frac{1}{2}\times 2\times 2a=1$$

が成り立つ。よって　$\boldsymbol{a=\dfrac{1}{2}}$

(2) $f(x)=ax+\frac{1}{4}$

$(0\leqq x\leqq 3)$

が確率密度関数であるから，右の図の斜線部分の面積について

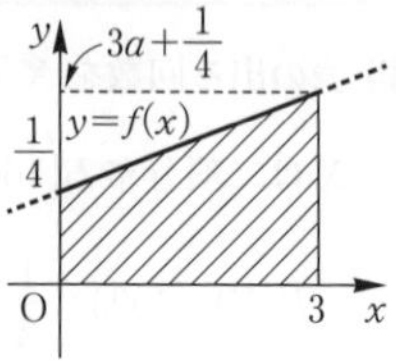

$$\frac{1}{2}\times\left\{\frac{1}{4}+\left(3a+\frac{1}{4}\right)\right\}\times 3=1$$

が成り立つ。よって　$\boldsymbol{a=\frac{1}{18}}$

137 (1) $P(-1\leqq Z\leqq 0)=P(0\leqq Z\leqq 1)$

$=0.3413<0.699$

であるから　$t>0$

よって

$P(-1\leqq Z\leqq t)$

$=P(-1\leqq Z\leqq 0)+P(0\leqq Z\leqq t)$

$=0.3413+P(0\leqq Z\leqq t)$

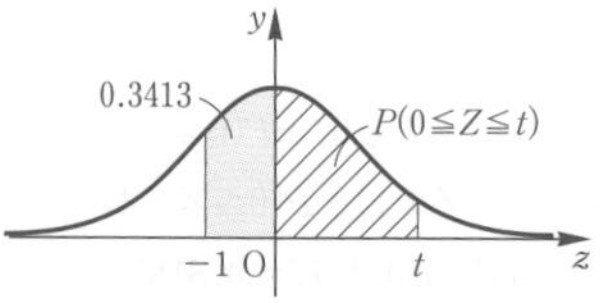

$P(-1\leqq Z\leqq t)=0.699$ より

$0.3413+P(0\leqq Z\leqq t)=0.699$

$P(0\leqq Z\leqq t)=0.3577$

正規分布表より　$\boldsymbol{t=1.07}$

(2) $P(|Z|\leqq t)=P(-t\leqq Z\leqq t)$

$=P(-t\leqq Z\leqq 0)+P(0\leqq Z\leqq t)$

$=P(0\leqq Z\leqq t)+P(0\leqq Z\leqq t)$

$=2\times P(0\leqq Z\leqq t)$

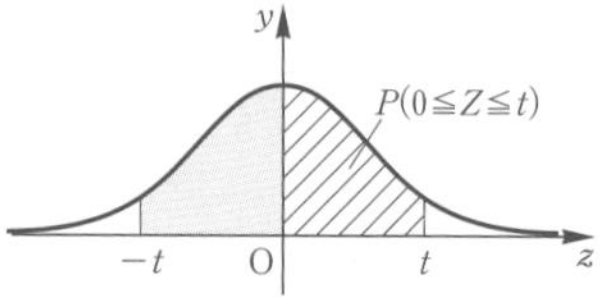

$P(|Z|\leqq t)=0.95$ より

$P(0\leqq Z\leqq t)=\frac{0.95}{2}=0.475$

正規分布表より　$\boldsymbol{t=1.96}$

C

138 $Z=\frac{X-50}{10}$ とおいて X を標準化すると，

Z は $N(0,\ 1)$ に従う。

$$P(X\geqq t)=P\left(\frac{X-50}{10}\geqq\frac{t-50}{10}\right)=P\left(Z\geqq\frac{t-50}{10}\right)$$

である。$0.025<0.5$ であるから，正規分布表より

$0.025=0.5-0.475$

$=P(Z\geqq 0)-\underline{P(0\leqq Z\leqq 1.96)}$

$=P(Z\geqq 1.96)$　　$P(0\leqq Z\leqq 1.96)=0.4750$

であるから　$\frac{t-50}{10}=1.96$

$t-50=19.6$ より　$\boldsymbol{t=69.6}$

⇦ $N(50,\ 10^2)$ より
$\mu=50,\ \sigma=10$

⇦ $P(Z\geqq a)=0.025$ となる a を考える。

⇦

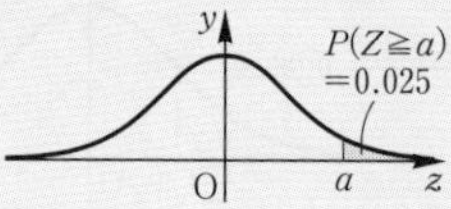

139 X は二項分布 $B\left(400,\ \dfrac{1}{2}\right)$ に従う。

$$E(X)=400\times\frac{1}{2}=200$$

⇦ $E(X)=np$

$$\sigma(X)=\sqrt{400\times\frac{1}{2}\times\frac{1}{2}}=10$$

⇦ $\sigma(X)=\sqrt{npq}$

また，400 は十分大きな値であるから，X は近似的に正規分布 $N(200,\ 10^2)$ に従うと考えてよい。

ここで，$Z=\dfrac{X-200}{10}$ とおいて X を標準化すると，

Z は $N(0,\ 1)$ に従う。

(1) 正規分布表より

$$P(190\leqq X\leqq 210)$$
$$=P\left(\frac{190-200}{10}\leqq\frac{X-200}{10}\leqq\frac{210-200}{10}\right)$$
$$=P(-1\leqq Z\leqq 1)=P(-1\leqq Z\leqq 0)+P(0\leqq Z\leqq 1)$$
$$=2P(0\leqq Z\leqq 1)=2\times 0.3413=\mathbf{0.6826}$$

⇦

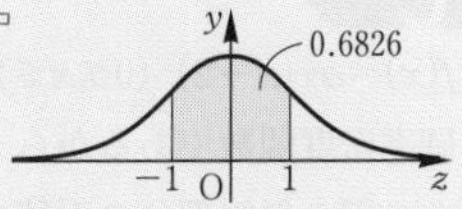

(2) $P(X\leqq k)=P\left(\dfrac{X-200}{10}\leqq\dfrac{k-200}{10}\right)=P\left(Z\leqq\dfrac{k-200}{10}\right)$

である。$0.1<0.5$ であるから，正規分布表より

$$0.1=0.5-0.4\fallingdotseq P(Z\leqq 0)-\underline{P(-1.28\leqq Z\leqq 0)}$$
$$=P(Z\leqq -1.28)$$

（下線部：$P(0\leqq Z\leqq 1.28)=0.3997$）

⇦ $P(Z\leqq a)=0.1$ となる a を考える。

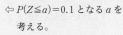

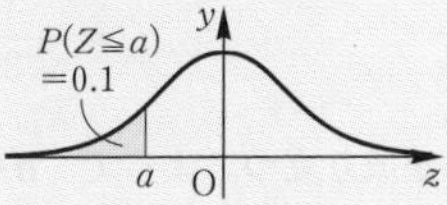

よって　$\dfrac{k-200}{10}\fallingdotseq -1.28$

すなわち　$k\fallingdotseq 187.2$

k は整数であるから　$\boldsymbol{k=187}$

研究　連続型確率変数と定積分

本編 p.036

B

140 X の期待値は

$$E(X)=\int_0^3 xf(x)dx \longleftarrow E(X)=\int_a^b xf(x)dx$$

$$=\int_0^3\left(-\frac{2}{9}x^3+\frac{2}{3}x^2\right)dx$$

$$=\left[-\frac{1}{18}x^4+\frac{2}{9}x^3\right]_0^3$$

$$=-\frac{9}{2}+6=\mathbf{\frac{3}{2}}$$

よって，X の分散は　$V(X)=\int_a^b (x-m)^2 f(x)dx$

$$V(X)=\int_0^3\left(x-\frac{3}{2}\right)^2\left(-\frac{2}{9}x^2+\frac{2}{3}x\right)dx$$

$$=-\frac{1}{18}\int_0^3(4x^4-24x^3+45x^2-27x)dx$$

$$=-\frac{1}{18}\left[\frac{4}{5}x^5-6x^4+15x^3-\frac{27}{2}x^2\right]_0^3$$

$$=-\frac{1}{18}\times\left(\frac{972}{5}-486+405-\frac{243}{2}\right)$$

$$=-\frac{1}{18}\times\left(-\frac{81}{10}\right)=\mathbf{\frac{9}{20}}$$

C

141 $f(x)=ax(x-2)$　$(0\leqq x\leqq 2)$　が確率密度関数であるから，右の図の斜線部分の面積について

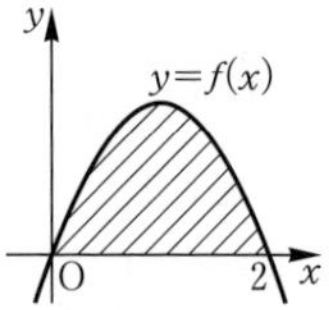

$$\int_0^2 ax(x-2)dx=a\left[\frac{1}{3}x^3-x^2\right]_0^2$$

$$=-\frac{4}{3}a=1$$

が成り立つ。よって　$\boldsymbol{a=-\frac{3}{4}}$

⇦曲線 $y=f(x)$　$(a\leqq x\leqq b)$ と，x 軸ではさまれた部分の面積が 1

⇦公式を用いて
$a\int_0^2 x(x-2)dx$
$=a\times\left\{-\frac{1}{6}(2-0)^3\right\}=-\frac{4}{3}a$
としてもよい。

3節　統計的な推測

1　母集団と標本

本編 p.037

A

142 X の母集団分布は次の表のようになる。

X	-1	1	計
P	$\frac{4}{9}$	$\frac{5}{9}$	1

X の母平均 μ，母分散 σ^2 と母標準偏差 σ は

$$\mu=-1\times\frac{4}{9}+1\times\frac{5}{9}=\mathbf{\frac{1}{9}}$$

$$\sigma^2=\left\{(-1)^2\times\frac{4}{9}+1^2\times\frac{5}{9}\right\}-\left(\frac{1}{9}\right)^2=\mathbf{\frac{80}{81}}$$

$$\sigma=\sqrt{\frac{80}{81}}=\mathbf{\frac{4\sqrt{5}}{9}}$$

143 X の母集団分布は次の表のようになる。

X	1	3	5	計
P	$\frac{6}{10}$	$\frac{3}{10}$	$\frac{1}{10}$	1

X の母平均を μ，母標準偏差を σ とすると

$$\mu=1\times\frac{6}{10}+3\times\frac{3}{10}+5\times\frac{1}{10}=2$$

$$\sigma=\sqrt{(1-2)^2\times\frac{6}{10}+(3-2)^2\times\frac{3}{10}+(5-2)^2\times\frac{1}{10}}$$

$$=\frac{3\sqrt{5}}{5}$$

よって，標本平均 $\overline{X}$ の期待値と標準偏差は

$E(\overline{X})=\mathbf{2}$ ← $E(\overline{X})=\mu$

$\sigma(\overline{X})=\frac{3\sqrt{5}}{5}\div\sqrt{4}=\mathbf{\frac{3\sqrt{5}}{10}}$ ← $\sigma(\overline{X})=\frac{\sigma}{\sqrt{n}}$

144 標本の大きさが 100 で十分大きいから，標本平均 $\overline{X}$ の分布は

正規分布 $N\left(50,\ \left(\frac{20}{\sqrt{100}}\right)^2\right)$,

すなわち $N(50,\ 2^2)$ で近似できる。

ここで，$Z=\frac{\overline{X}-50}{2}$ とおいて $\overline{X}$ を標準化 ← $\mu=50,\ \sigma=2$

すると，Z は $N(0,\ 1)$ に従う。

よって，求める確率は

$$P(46\leqq\overline{X}\leqq54)$$

$$=P\left(\frac{46-50}{2}\leqq\frac{\overline{X}-50}{2}\leqq\frac{54-50}{2}\right)$$

$$=P(-2\leqq Z\leqq2)$$

$$=P(-2\leqq Z\leqq0)+P(0\leqq Z\leqq2)$$

$$=2P(0\leqq Z\leqq2)$$

$$=2\times0.4772=\mathbf{0.9544}$$

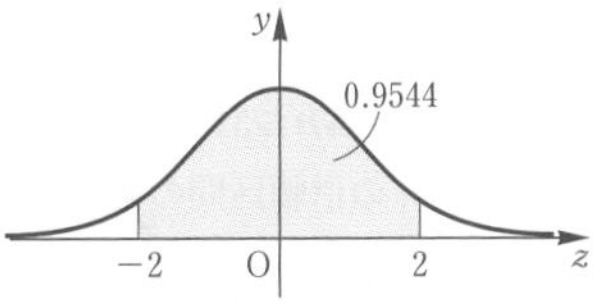

2 統計的な推測

本編 p.038～039

A

145 標本平均は $\overline{X}=23.5$,
標本の大きさは $n=400$,
母標準偏差は $\sigma=6$
であるから，信頼度95%の母平均 μ に対する信頼区間は

$$23.5-1.96\times\frac{6}{\sqrt{400}}\leqq\mu\leqq 23.5+1.96\times\frac{6}{\sqrt{400}}$$

$$23.5-0.588\leqq\mu\leqq 23.5+0.588$$

よって　$\boldsymbol{22.912\leqq\mu\leqq 24.088}$

146 (1) 標本平均は $\overline{X}=310$,
標本の大きさは $n=25$,
母標準偏差は $\sigma=10$
であるから，母平均 μ に対する信頼度95%の信頼区間は

$$310-\frac{1.96\times10}{\sqrt{25}}\leqq\mu\leqq 310+\frac{1.96\times10}{\sqrt{25}}$$

$$310-3.92\leqq\mu\leqq 310+3.92$$

よって　$\boldsymbol{306.08\leqq\mu\leqq 313.92}$

(2) 信頼度95%の信頼区間の幅は

$2\times\dfrac{1.96\sigma}{\sqrt{n}}$　であるから

$2\times\dfrac{1.96\times10}{\sqrt{n}}\leqq5$ より　$\sqrt{n}\geqq7.84$

よって　$n\geqq61.4656$

ゆえに，標本の大きさ n を $\boldsymbol{n\geqq62}$ とすればよい。

147 標本平均は $\overline{X}=2.57$,
標本の大きさは $n=100$,
標準偏差は $\sigma=0.35$ である。
標本の大きさが十分大きいので，母標準偏差の代わりに標本の標準偏差を用いると，母平均 μ に対する信頼度95%の信頼区間は

$$2.57-\frac{1.96\times0.35}{\sqrt{100}}\leqq\mu\leqq 2.57+\frac{1.96\times0.35}{\sqrt{100}}$$

$$2.57-0.0686\leqq\mu\leqq 2.57+0.0686$$

よって　$\boldsymbol{2.5014\leqq\mu\leqq 2.6386}$

148 標本の大きさは $n=400$,
標本比率は $p_0=\dfrac{8}{400}=0.02$ であるから，
母比率 p に対する信頼度95%の信頼区間は

$$0.02-1.96\times\sqrt{\frac{0.02\times0.98}{400}}\leqq p\leqq 0.02+1.96\times\sqrt{\frac{0.02\times0.98}{400}}$$

$$0.02-0.01372\leqq p\leqq 0.02+0.01372$$

すなわち　$\boldsymbol{0.00628\leqq p\leqq 0.03372}$

149 標本の内閣支持率は $\dfrac{200}{400}$ であるから，
求める信頼区間は

$$0.5-1.96\times\sqrt{\frac{0.5\times(1-0.5)}{400}}\leqq p\leqq 0.5+1.96\times\sqrt{\frac{0.5\times(1-0.5)}{400}}$$

$$0.5-0.049\leqq p\leqq 0.5+0.049$$

よって　$\boldsymbol{0.451\leqq p\leqq 0.549}$

B

150 標本比率を 0.2, 標本の大きさを n とすると，信頼度 95% の信頼区間の幅は

$$2\times1.96\times\sqrt{\frac{0.2\times(1-0.2)}{n}}=3.92\times\frac{0.4}{\sqrt{n}}$$

これが 7.84% 以下であるから

$$3.92\times\frac{0.4}{\sqrt{n}}\leqq0.0784$$

よって　$\sqrt{n}\geqq\frac{3.92\times0.4}{0.0784}$

$\sqrt{n}\geqq20$

両辺を 2 乗して　$n\geqq400$

ゆえに，**400 人以上**抽出して調査すればよい。

3 仮説検定

本編 p.040～041

A

151 帰無仮説は「この日に工場で生産された製品の体積の平均は 700 cm^3 である」

製品の体積の標本平均は正規分布

$N\left(700,\ \frac{20^2}{100}\right)$ に従う。

$\mu(\overline{X})=700$

$\sigma(\overline{X})=\sqrt{\frac{20^2}{100}}=2$

$$z=\frac{703-700}{2}=\frac{3}{2}=1.5<1.96$$

z は棄却域に含まれないので，

帰無仮説は棄却されない。

よって，この日に工場で生産された製品の体積の平均は，今回のデータからは通常この工場で生産される製品の体積の平均と**異なるとはいえない。**

152 帰無仮説は

「この硬貨の表の出方の母比率 p は 0.5」

標本比率は $p_0=\frac{220}{400}=0.55$ であるから

$$z=\frac{0.55-0.5}{\sqrt{\frac{0.5(1-0.5)}{400}}}=2>1.96$$

z は棄却域に含まれるので，

帰無仮説は棄却される。

よって，この硬貨の表の出方には**偏りがあるといえる。**

研究 両側検定と片側検定

本編 p.041

B

153 表が出やすいかどうかを検証したいので，片側検定を用いる。

帰無仮説は

「この硬貨の表の出方の母比率 p は 0.5」

標本比率は $p_0=\frac{218}{400}=0.545$ であるから

$$z=\frac{0.545-0.5}{\sqrt{\frac{0.5(1-0.5)}{400}}}=1.8>1.64$$

z は棄却域に含まれるので，

帰無仮説は棄却される。

よって，この硬貨は**表が出やすい硬貨であるといえる。**

《章末問題》

本編 p.042

154 当たりくじを引く回数を X とすると，X は二項分布 $B\left(100,\ \dfrac{n}{20}\right)$ に従う。X の分散が 24 以上のとき

$$V(X)=100\times\frac{n}{20}\times\left(1-\frac{n}{20}\right)\geqq 24$$

⇦ $V(X)=npq$
$=np(1-p)$

整理して　$n(20-n)\geqq 96$

すなわち　$n^2-20n+96\leqq 0$

よって　$(n-8)(n-12)\leqq 0$

ゆえに　$\boldsymbol{8\leqq n\leqq 12}$

155 i 回目に出たさいころの目を X_i とする。

X_1 の期待値と分散は

$$E(X_1)=(1+2+3+4+5+6)\times\frac{1}{6}=\frac{7}{2}$$

$$V(X_1)=(1^2+2^2+3^2+4^2+5^2+6^2)\times\frac{1}{6}-\left(\frac{7}{2}\right)^2=\frac{35}{12}$$

⇦ $V(X_1)=E(X_1{}^2)-\{E(X_1)\}^2$

ここで　$E(X_1)=E(X_2)=\cdots\cdots=E(X_n)$
$V(X_1)=V(X_2)=\cdots\cdots=V(X_n)$

⇦各回でさいころの出る目の期待値や分散は等しい。

である。$\overline{X}=\dfrac{X_1+X_2+\cdots\cdots+X_n}{n}$ であるから

$$\boldsymbol{E(\overline{X})}=E\left(\frac{X_1+X_2+\cdots\cdots+X_n}{n}\right)$$

⇦ $E(aX+b)=aE(X)+b$

$$=\frac{1}{n}E(X_1+X_2+\cdots\cdots+X_n)$$

$$=\frac{1}{n}\{E(X_1)+E(X_2)+\cdots\cdots+E(X_n)\}$$

⇦ $E(X+Y)=E(X)+E(Y)$

$$=\frac{1}{n}\times nE(X_1)=E(X_1)=\boldsymbol{\frac{7}{2}}$$

また，X_1，X_2，……，X_n は独立であるから

$$\boldsymbol{V(\overline{X})}=V\left(\frac{X_1+X_2+\cdots\cdots+X_n}{n}\right)$$

⇦ $V(aX+b)=a^2V(X)$

$$=\frac{1}{n^2}V(X_1+X_2+\cdots\cdots+X_n)$$

$$=\frac{1}{n^2}\{V(X_1)+V(X_2)+\cdots\cdots+V(X_n)\}$$

⇦ X，Y が独立であるとき，
$V(X+Y)=V(X)+V(Y)$

$$=\frac{1}{n^2}\times nV(X_1)=\frac{1}{n}V(X_1)=\boldsymbol{\frac{35}{12n}}$$

（別解）

さいころを1回投げて出た目の数を X とおく。

X の母平均を μ，母分散を σ^2 とすると

$$\mu=\frac{7}{2},\ \sigma^2=\frac{35}{12}$$

である。$\overline{X}$ はこの母集団から大きさ n の標本を抽出したときの標本平均であるから，$\overline{X}$ の期待値と分散は

$$\boldsymbol{E(\overline{X})=\frac{7}{2}}$$

$$V(\overline{X})=\frac{35}{12}\div n=\boldsymbol{\frac{35}{12n}}$$

⇦ n 回さいころを投げたとき，各回の出る目の期待値と標準偏差は等しいので，$\overline{X}$ は標本平均と考えられる。

⇦ $E(\overline{X})=\mu,\ V(\overline{X})=\dfrac{\sigma^2}{n}$

156 (1)　得点を X とする。

$P(X=k)$（k は $2n$ 以下の自然数）について

(i)　$1\leqq k\leqq m$ のとき

1回目に m 以下の数がかかれたカードを引いて，2回目に k の数がかかれたカードを引くので

$$P(X=k)=\frac{m}{2n}\times\frac{1}{2n}=\frac{m}{4n^2}$$

(ii)　$m+1\leqq k\leqq 2n$ のとき（ただし，$m\neq 2n$）

$X=k$ となるのは次の2通りの場合がある。

①　1回目に m 以下の数がかかれたカードを引いて，2回目に k の数がかかれたカードを引く。

②　1回目に k の数がかかれたカードを引く。

よって，

$$P(X=k)=\underbrace{\frac{m}{2n}\times\frac{1}{2n}}_{①}+\underbrace{\frac{1}{2n}}_{②}=\frac{m}{4n^2}+\frac{1}{2n}$$

⇦ $m=2n$ のとき $2n+1\leqq k\leqq 2n$ となるから，$m+1\leqq k\leqq 2n$ を満たす k は存在しない。

(i)，(ii)より，$m\neq 2n$ のとき，X の期待値は

$$E(X)=\sum_{k=1}^{m}\frac{m}{4n^2}k+\sum_{k=m+1}^{2n}\left(\frac{m}{4n^2}+\frac{1}{2n}\right)k$$

$$=\sum_{k=1}^{m}\frac{m}{4n^2}k+\sum_{k=m+1}^{2n}\frac{m}{4n^2}k+\sum_{k=m+1}^{2n}\frac{1}{2n}k$$

$$=\frac{m}{4n^2}\sum_{k=1}^{2n}k+\frac{1}{2n}\sum_{k=m+1}^{2n}k$$

$$=\frac{m}{4n^2}\times\frac{1}{2}\times 2n\times(2n+1)$$

$$+\frac{1}{2n}\times\frac{1}{2}\times\underbrace{(2n-m)}_{\text{項数}}\times\underbrace{(m+1+2n)}_{\text{初項}+\text{末項}}$$

$$=\frac{1}{4n}(-m^2+2mn+4n^2+2n)\quad\cdots\cdots①$$

⇦ $\displaystyle\sum_{k=1}^{m}\frac{m}{4n^2}k+\sum_{k=m+1}^{2n}\frac{m}{4n^2}k=\sum_{k=1}^{2n}\frac{m}{4n^2}k$

⇦ $\displaystyle\sum_{k=m+1}^{2n}k$ は初項 $m+1$，末項 $2n$，項数 $2n-(m+1)+1$ の等差数列の和と考える。

また，$m=2n$ のとき，必ずカードを引きなおすので

$$E(X)=\sum_{k=1}^{2n}\left(1\times\frac{1}{2n}\times k\right)=\frac{1}{2}(2n+1)$$

⇦1回目はどのカードを引いても必ず引きなおすことになるので1回目はどのカードを引いてもよく，その確率は1。

①において，$m=2n$ とすると

$$E(X)=\frac{1}{4n}\{-(2n)^2+2\times2n\times n+4n^2+2n\}$$

$$=\frac{1}{4n}(-4n^2+4n^2+4n^2+2n)=\frac{1}{2}(2n+1)$$

であるから，$m=2n$ のときも①は成り立つ。

よって，得られる得点の期待値は

$$\boldsymbol{\frac{1}{4n}(-m^2+2mn+4n^2+2n)}$$

（別解）

m 以下の数がかかれたカードを引き，2回目のカードを引く場合，この事象が起こる確率は $\dfrac{m}{2n}$ であり，この場合の得点の期待値は，2回目に引くカードにかかれた数の期待値であるから

$$(1+2+\cdots\cdots+2n)\times\frac{1}{2n}=\frac{1}{2}\times2n(2n+1)\times\frac{1}{2n}=\frac{2n+1}{2}$$

⇦得点 $\dfrac{2n+1}{2}$ を得られる確率が $\dfrac{m}{2n}$ と考えることができる。

また，m より大きい数がかかれたカードを引いて引き直さない場合，この事象が起こる確率は $\dfrac{2n-m}{2n}$ であり，この場合の得点の期待値は，$m+1$ 以上 $2n$ 以下の数がかかれたカードから1枚を取り出すとき，かかれた数の期待値であるから

$$\{(m+1)+(m+2)+\cdots\cdots+2n\}\times\frac{1}{2n-m}$$

$$=\frac{1}{2}(2n-m)\{(m+1)+2n\}\times\frac{1}{2n-m}=\frac{2n+m+1}{2}$$

⇦得点 $\dfrac{2n+m+1}{2}$ を得られる確率が $\dfrac{2n-m}{2n}$ と考えることができる。

よって，得点 X は，次のような確率分布に従うと考えることができる。

X	$\dfrac{2n+1}{2}$	$\dfrac{2n+m+1}{2}$	計
P	$\dfrac{m}{2n}$	$\dfrac{2n-m}{2n}$	1

ゆえに　$E(X)=\dfrac{2n+1}{2}\times\dfrac{m}{2n}+\dfrac{2n+m+1}{2}\times\dfrac{2n-m}{2n}$

$$=\boldsymbol{\frac{1}{4n}(-m^2+2mn+4n^2+2n)}$$

(2) (1)より

$$E(X)=\frac{1}{4n}\{-(m-n)^2+5n^2+2n\}$$

であるから，$\boldsymbol{m=n}$ **のとき**，期待値は最大値

$$\frac{1}{4n}(5n^2+2n)=\boldsymbol{\frac{1}{4}(5n+2)}$$

をとる。

⇦ m について平方完成

⇦1から $2n$ までのカードのうち，小さい順に半数となる n 以下のカードが出た場合に引きなおすと，得点の期待値が最大となることがわかる。

157 受験者の得点を X とすると，条件より，X は正規分布 $N(270,\ 50^2)$ に従う。

$Z=\dfrac{X-270}{50}$ とおいて X を標準化すると，Z は $N(0,\ 1)$ に従う。

ここで　$P(X\geqq k)\leqq\dfrac{70}{1000}=0.07$

を満たす最小の整数 k が求める合格者最低点である。

$$P(X\geqq k)=P\left(\frac{X-270}{50}\geqq\frac{k-270}{50}\right)=P\left(Z\geqq\frac{k-270}{50}\right)$$

となるので，正規分布表より

$$\begin{aligned}0.07&=0.5-0.43\\&\geqq P(Z\geqq 0)-P(0\leqq Z\leqq 1.48)=P(Z\geqq 1.48)\end{aligned}$$

よって　$\dfrac{k-270}{50}=1.48$

これを解いて $k=344$

ゆえに，合格者最低点は**およそ 344 点**であると考えられる。

⇦総受験者に対する，入学定員の割合以下であれば合格する。

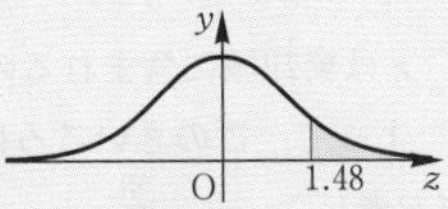

⇦正規分布表より
$P(0\leqq Z\leqq 1.47)=0.4292$
$P(0\leqq Z\leqq 1.48)=0.4306$

158 (1) 帰無仮説は「さいころの各目の出る確率は $\dfrac{1}{6}$ である」。

標本比率は　$p_0=\dfrac{80}{400}=\dfrac{1}{5}$

であるから

$$z=\frac{\dfrac{1}{5}-\dfrac{1}{6}}{\sqrt{\dfrac{\dfrac{1}{6}\times\dfrac{5}{6}}{400}}}=\frac{1}{30}\times\sqrt{\frac{6^2\times 400}{5}}$$

$$=\frac{1}{30}\times 24\sqrt{5}$$

$$=\frac{4}{5}\sqrt{5}=\frac{4}{5}\times 2.236=1.7888<1.96$$

z は棄却域に含まれないので，帰無仮説は棄却されない。

よって，**このさいころの各目の出る確率が均等でないとは判断できない**。

⇦「均等でない」ことを検証したいので，両側検定を用いる。

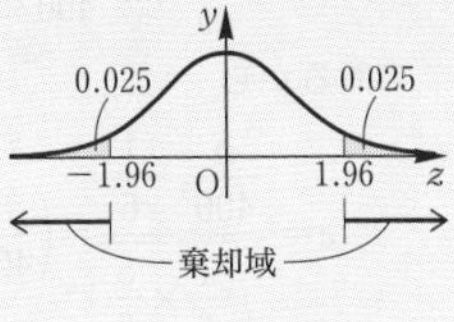

⇦ Z が標準正規分布に従うとき，
$P(0\leqq Z\leqq A)=\dfrac{0.95}{2}=0.475$
を満たす A は，正規分布表より
$A=1.96$

(2) 帰無仮説は

「このさいころの6の目が出る確率は $\frac{1}{6}$ である」。

標本比率は　$p_0=\frac{80}{400}=\frac{1}{5}$

であるから

$$z=\frac{\frac{1}{5}-\frac{1}{6}}{\sqrt{\frac{\frac{1}{6}\times\frac{5}{6}}{400}}}=\frac{1}{30}\times\sqrt{\frac{6^2\times400}{5}}$$

$$=\frac{1}{30}\times24\sqrt{5}$$

$$=\frac{4}{5}\sqrt{5}=\frac{4}{5}\times2.236=1.7888>1.64$$

z は棄却域に含まれるので，帰無仮説は棄却される。

よって，**このさいころは6の目が出やすいといえる。**

⇦「6の目が出やすい」ことを検証したいので，片側検定を用いる。

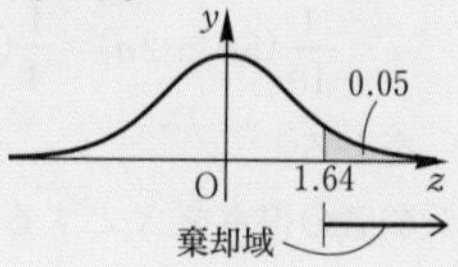

⇦ Z が標準正規分布に従うとき，
$P(0\leqq Z\leqq A)=0.45$
を満たす A は，正規分布表より
$A=1.64$

（参考）

(1)，(2)のように，仮説検定を両側検定で行うか，片側検定で行うかで棄却域が異なるために，両側検定・片側検定のどちらで行うかという選択も重要となる。適切な選択をしないと，正しい結論が得られないことがある。

(3) 追実験で3の目が出た回数を n とする。

帰無仮説は「このさいころの3の目が出る確率は $\frac{1}{6}$ である」。

⇦「3の目が出にくい」ことを検証したいので，片側検定を用いる。

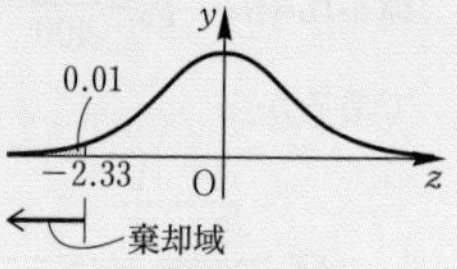

標本比率は　$p_0=\frac{n}{400}$

であるから

$$z=\frac{\frac{n}{400}-\frac{1}{6}}{\sqrt{\frac{\frac{1}{6}\times\frac{5}{6}}{400}}}=\left(\frac{n}{400}-\frac{1}{6}\right)\times\sqrt{\frac{6^2\times400}{5}}$$

$$=\left(\frac{n}{400}-\frac{1}{6}\right)\times24\sqrt{5}$$

$z<-2.33$ のとき

$$\left(\frac{n}{400}-\frac{1}{6}\right)\times 24\sqrt{5}<-2.33$$

$$\frac{n}{400}-\frac{1}{6}<-\frac{2.33}{24\sqrt{5}}$$

$$n<400\times\left(\frac{1}{6}-\frac{2.33}{24\sqrt{5}}\right)=400\times\frac{20-2.33\sqrt{5}}{120}$$

よって　$n<49.3004$

ゆえに，3 の目が出た回数は **49 回以下**であったと考えられる。

⇦ Z が標準正規分布に従うとき，
$P(0\leqq Z\leqq A)=0.49$
を満たす A は，正規分布表より
$A=2.33$ であるから，
$P(B\leqq Z\leqq 0)=0.49$
を満たす B は　$B=-2.33$

Prominence 数学B　解答編

●編　者――実教出版編修部

●発行者――小田　良次

●印刷所――共同印刷株式会社

●発行所――実教出版株式会社

〒102-8377
東京都千代田区五番町5
電話〈営業〉(03) 3238-7777
〈編修〉(03) 3238-7785
〈総務〉(03) 3238-7700
https://www.jikkyo.co.jp/

002402023②　ISBN978-4-407-35687-8